マルコフ方程式

方程式から読み解く
美しい数学

小林吹代=著

$x^2+y^2+z^2=3xyz$

技術評論社

はじめに

　数学をちょっとのぞいてみたい、できれば自分も何か面白い発見をしてみたい、と思っていませんか。

　数学は紙と鉛筆があれば誰でもできる、とはいうものの……。こんな声が聞こえてきそうですね。

「大学でキッチリ基礎を身につけてからの話だね」
「大学院で専門的に学んでこそ展望が開けるのさ」
「中学・高校レベルの数学では無理、無理」
「アマチュアと揶揄されるのがオチだよ」

　極めつけは、いかにも説得力のある次のような説です。

「四則演算で出てくるような研究は、ことごとくオイラーがやってしまったのさ」

　オイラーというのは第一級の数学者で、とりわけその論文の多さで有名です。数学は趣味や生きがいの類だったようで、赤ん坊をあやしながら考えたり、晩年には目が見えなくなっても研究を続けたりしたのです。

　それではオイラー以降、専門の数学者以外は本当に出番がなかったのでしょうか。じつはそうでもないのです。数学愛好家や他分野の専門家が、数学上の発見を成しとげているのです。

　本書で取り上げるのは「不定方程式」です。あの「フェルマーの最終定理」で有名な「$x^n + y^n = z^n$」も、この不定方程式でした。じつは数学はよほど勉強しないと、問題の意味すら理解できないことが多いのです。そんな中で、意味明瞭な不定方程式は、

プロ・アマチュアを問わず愛されて続けてきたのです。一般論があるわけではなく、1つ1つに工夫を要することも魅力です。

　不定方程式は、掃いて捨てるほどあります。（参考文献[1]参照）というよりも、いくらでも作ることができます。このため論文の数も、他にダントツの差をつけて多いとされています。ところが名前がついている方程式となると、ほんのわずかしかありません。

　その珍しく名前のついた不定方程式に、「マルコフ方程式」があります。しかもこの「$x^2+y^2+z^2=3xyz$」は、なぜか興味深い方程式として紹介されることが多いのです。でも、どこがそんなに魅力的なのでしょうか。じつはマルコフ方程式には、正の整数解が「無数」にあるのです。この「無数」の解を見つけ出すために、大学に行く必要はありません。中学生なら「2次方程式を解く」ことで、高校生ともなると「四則演算」だけで見つけられます。つまり門戸は、等しく誰にも広く開かれているのです。

　本書は、このたった1つの方程式から数学を紡いでいきます。さて、この1粒の種からどんな花が咲くのでしょうか。有名な「未解決問題」もあり、読者の皆様の挑戦が待たれています。

2017年7月

小林吹代

Contents

はじめに ... 3

1章 マルコフ方程式

1・マルコフ解と2次方程式 ... 10
$x^2+y^2+z^2=3xyz$ の「無数」にある解は？

2・マルコフ解の家系図 ... 19
マルコフ解は「家系図」にある解で全部？

3・マルコフ解と数列 ... 26
マルコフ数が見つかる「ある有名な数列」は？

4・2乗の和に表す ... 38
マルコフ数「135137=○² +△²」の○△の見つけ方は？

5・(続)2乗の和に表す ... 49
(5, 13, 194) の「13、194」を代入すると、(5, 29, 433) の「29、433」が出てくる式とは？

コラム I マルコフ解 (x, b, c) の x の求め方 ... 61

2章 4マルコフ解と5マルコフ解

6・4マルコフ方程式 ... 64
$x^2+y^2+z^2=xyz+4$ では「未解決問題」が即解決？

7・4マルコフ解の家系図 ... 76
4マルコフ解は「家系図」にある解で全部？

8・4マルコフ解と数列 ... 80
数列の項から出てくる「多項式」とは？

9 • c が同一の 4 マルコフ解 ... 85
「次数が等しければ同じ式だ」なんて信じられる？

10 • 5 マルコフ方程式 ... 106
$x^2+y^2+z^2=xyz+5$ でも「未解決問題」が即解決？

コラムⅡ 美しい等式（1） ... 111

3章 k マルコフ方程式

11 • 2-1 マルコフ方程式 ... 114
$x^2+y^2+z^2=2xyz+1$ と「同じ方程式」は？

12 • k マルコフ方程式 ... 121
「k の正負」で何かちがいはあるの？

13 • 解をもたない k マルコフ方程式 ... 135
「解をもたない k マルコフ方程式」を「網」にかける？

コラムⅢ 美しい等式（2） ... 140

4章 k マルコフ解の拡張

14 •「k が正」の k マルコフ解の家系図 ... 144
「解をもたない k マルコフ方程式」は $1 \leq k \leq 100$ の中でどれ？

15 •「k が負」の k マルコフ解の家系図 ... 169
「単独スタート解をもつ k マルコフ方程式」は $-100 \leq k \leq -1$ の中でどれ？

16 ◆ 「未解決問題」が即解決する k マルコフ方程式 ……… 178
「未解決問題」が即解決する k マルコフ方程式は？

コラム IV 美しい等式 (3) ……… 187

5章 2-1マルコフ解と「不思議な多項式」

17 ◆ 「見かけ」を変えた $2\text{-}n$ マルコフ方程式 ……… 190
$Z^2 = (X^2-1)(Y^2-1)$ と「同じ方程式」は？

コラム V 美しい等式 (4) ……… 196

18 ◆ $(x^2-1)(y^2-1) = (z^2-h^2)^2$ ……… 198
「シェルピンスキー流の条件」下で見つかる無数にある解は？

コラム VI 美しい等式 (5) ……… 209

19 ◆ 不思議な多項式 ……… 211
思いがけない割り切れ方をする「不思議な多項式」とは？

コラム VII 因数分解 ……… 250

索引 ……… 253
参考文献 ……… 255
著者プロフィール ……… 255

1章
マルコフ方程式

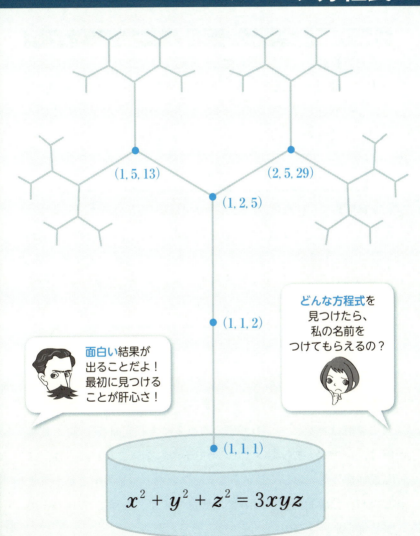

1. マルコフ解と2次方程式

1つくらい面白い方程式を発掘したいな！

◆不定方程式

「不定方程式」は数学愛好家に人気絶大な分野です。その最大の魅力は、誰でも挑戦できることです。「フェルマーの最終定理」も、この不定方程式でした。問題となったのは、次の方程式 (1-1) の正の整数解です。ここで n ($n \geq 3$) は自然数です。

$$x^n + y^n = z^n \qquad \cdots \text{(1-1)}$$

正に限定しなければ、方程式 (1-1) には解 (0, 1, 1) 等があります。解をどこで考えるかは、とても重要なのです。今後も、解 (x, y, z) = (□, □, □) を単に (□, □, □) と表すことにしましょう。

方程式 (1-1) は、そもそも次の方程式 (1-2) の「2乗」を、（安直に）「n 乗」($n \geq 3$) にしたものです。

$$x^2 + y^2 = z^2 \qquad \cdots \text{(1-2)}$$

不定方程式で「不定」、つまり1つに定まらないのは、住所でも方程式でもありません。それは「解」です。方程式 (1-2) には、じつは解は無数にあるのです。ちなみに方程式 (1-1) の正の整数解は、1つに定まらないどころか、1つもないことが証明されてしまいました。珍しく数学がニュースとなり、世界中を驚かせましたね。数学愛好家にとっては残念ですが、方程式 (1-1) の正の整数解を求める問題は、解決済みとなったのです。

◆ピタゴラス数

方程式 (1-2) の解を見てみましょう。

$$3^2 + 4^2 = 5^2 \quad \rightarrow \quad (3, 4, 5)$$
$$5^2 + 12^2 = 13^2 \quad \rightarrow \quad (5, 12, 13)$$
$$1^2 + 1^2 = (\sqrt{2})^2 \quad \rightarrow \quad (1, 1, \sqrt{2})$$
$$1^2 + (\sqrt{3})^2 = 2^2 \quad \rightarrow \quad (1, \sqrt{3}, 2)$$

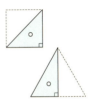

「1、1、$\sqrt{2}$」「1、2、$\sqrt{3}$」に見覚えがありますか。これらは正方形や正三角形を半分にした直角三角形、つまり三角定規の辺（の長さ）の比です。方程式 (1-2) の解は、直角三角形の3辺なのです。「ピタゴラスの定理」（の逆）ですね。

ここで着目するのは $(3, 4, 5)$、$(5, 12, 13)$ の方です。不定方程式では、主に正の整数解（自然数解）を問題にするのです。方程式 (1-2) の正の整数解は、「ピタゴラス数」と呼ばれています。

さて $(3, 4, 5)$ はピタゴラス数ですが、3と4を入れかえた $(4, 3, 5)$ も、2倍、3倍した $(6, 8, 10)$、$(9, 12, 15)$ もピタゴラス数です。これらは直角三角形の置き方を変えたり、拡大したりしたものです。$(3, 4, 5)$ はそれらの代表で、「原始ピタゴラス数」とか「既約ピタゴラス数」と呼ばれています。

既約ピタゴラス数は、じつは $(m^2 - n^2, 2mn, m^2 + n^2)$ $(m > n)$ です。ここで m, n は（共通の正の約数が1だけの）「互いに素」な正の整数です。

$$(m^2 - n^2)^2 + (2mn)^2 = (m^2 + n^2)^2$$

$m=2$、$n=1$ としたものが $(3,4,5)$ で、$m=3$、$n=2$ としたものが $(5,12,13)$ です。方程式 (1-2) の正の整数解を求める問題は、既約ピタゴラス数を求めることに帰着され、それは上記のもので全部だと解決済みなのです。

がっかりすることはありません。不定方程式など、いくらでも作ることができます。ただ、その不定方程式が興味深いかどうかとなると、話は全く別です。金鉱脈に通じていたら幸運として、つまらない方程式は誰にも振り向いてもらえません。

◆マルコフ方程式

これから見ていくのは、次の「マルコフ方程式」です。

$$x^2 + y^2 + z^2 = 3xyz \qquad \cdots\cdots (1\text{-}3)$$

(1-3) の正の整数解 (x, y, z) を「マルコフ解」、マルコフ解の x、y、z に現れる数を「マルコフ数」といいます。このため $(0, 0, 0)$ は (1-3) の解にはちがいありませんが、マルコフ解には入れません。その理由は後ほど判明します。

マルコフ解 (x, y, z) の x、y、z を入れかえても、またマルコフ解です。そこで今後は $1 \leq x \leq y \leq z$ とします。

さて、マルコフ解はいくつあると思いますか。

じつは「無数」にあるのです。無数にある中のたった5個でよいから、と誰かに持ちかけるのも一興ですね。

1 マルコフ解を5個見つけよ。

まずは試行錯誤です。$x^2+y^2+z^2=3xyz$ に順に数を当てはめてみます。すぐに $(1,1,1)$ や $(1,1,2)$ が見つかりますね。

$$1^2+1^2+1^2=3\cdot 1\cdot 1\cdot 1 \quad \text{(両辺 3)}$$
$$1^2+1^2+2^2=3\cdot 1\cdot 1\cdot 2 \quad \text{(両辺 6)}$$

でも試行錯誤に終始しては、無数どころではありません。

そこで改めて $(1,1,1)$、$(1,1,2)$ を観察します。「1、1」が共通ですね。その $x=1$、$y=1$ を $x^2+y^2+z^2=3xyz$ に代入すれば、「**2次方程式**」$1^2+1^2+z^2=3\cdot 1\cdot 1\cdot z$ のでき上がりです。この解が、$(1,1,1)$、$(1,1,2)$ の $z=1$、2 なのです。

$$1^2+1^2+z^2=3\cdot 1\cdot 1\cdot z$$
$$z^2-3z+2=0$$
$$(z-1)(z-2)=0$$
$$z=1, 2$$

このことは、見方を変えれば次のようになります。

最初に解 $(1,1,1)$ を 1 つ見つけたとします。すると、$x=1$、$y=1$ を代入した 2 次方程式を解くことで、最初の $z=1$ の解 $(1,1,1)$ の他に、新たに $z=2$ の解 $(1,1,2)$ が見つかるのです。

この $(1,1,2)$ からも、同様にして新たな解が見つかります。「1、2」が共通の解です。$x=1$、$z=2$ を $x^2+y^2+z^2=3xyz$ に代入すると、$1^2+y^2+2^2=3\cdot 1\cdot y\cdot 2$ から $y=1$、5 が求まります。これで「1、2」と $y=1$ を並べかえた解 $(1,1,2)$ の他に、「1、2」と $y=5$ を並べかえた新たな解 $(1,2,5)$ が見つかりました。

こうなると後は芋づる式です。$(1,2,5)$ から、「1、5」が共通の解が見つかります。「1、5」と $y=13$ を並べかえた $(1,5,13)$ です。

同じ $(1,2,5)$ から、「2、5」が共通の解も見つかります。「2、5」と $x=29$ を並べかえた $(2,5,29)$ です。

この $(1,5,13)$ や $(2,5,29)$ からも、同じように解が見つかります。とはいえ、これですでに5個になりました。

$(1,1,1)$、$(1,1,2)$、$(1,2,5)$、$(1,5,13)$、$(2,5,29)$ です。

◆マルコフ解の「子の兄弟」

$(1,1,1)$ から、これまでに次の解が求まりました。

$$(1,1,1) \text{—} (1,1,2) \text{—} (1,2,5) \begin{cases} (1,5,13) \\ (2,5,29) \end{cases}$$

マルコフ解 (a,b,c) があったら、「a、c」や「b、c」が共通の解を (a,b,c) の「子」としましょう。ここで「a、c」が共通な子の方を「兄」、「b、c」が共通な子の方を「弟」とします。

$$(1,2,5) \begin{cases} 兄(1,5,13) \\ 弟(2,5,29) \end{cases}$$

ただし求まった兄弟が異なるとは限りません。$(1,1,2)$ のように、(a,b,c) が $a=b$ のときは子の兄弟は同一となります。

$$(a,b,c) \text{ が } a=b \text{ のとき、子の兄弟は同一}$$

まだ「a、b」が共通の解が残っていますね。じつは「a、b」が共通の解は、(a,b,c) の「親」とするのです。1つの解(本人)に着目すると、親と子で最大3個の解に取り囲まれています。

```
親(1, 1, 2) ── 本人(1, 2, 5) ┬─ 子(兄)(1, 5, 13)
                              └─ 子(弟)(2, 5, 29)
```

それにしても、いちいち 2 次方程式を解くのは面倒ですね。そこで、子を出す規則をあらかじめ求めておきましょう。

> **2** マルコフ解 (a, b, c) について、□にあてはまる数を、a、b、c を用いて表せ。
>
> ```
> (a, b, c) ┬─ 兄(a, c, □)
>           └─ 弟(b, c, □)
> ```

問題そのものに疑問がありますね。□が一番後に並んでいますが、そうなる保証はあるのでしょうか。後で確認しましょう。

まずは「a、c」が共通の兄を求めるため、$x = a$、$z = c$ を $x^2 + y^2 + z^2 = 3xyz$ に代入します。

$$a^2 + y^2 + c^2 = 3 \cdot a \cdot y \cdot c$$
$$y^2 - 3acy + a^2 + c^2 = 0 \qquad \cdots\cdots (1\text{-}4)$$

さて、(1-4) の解の 1 つは $y = b$ です。問題はもう 1 つの解です。

ここで「**解と係数の関係**」です。2 つの解を α、β としたとき、「$\alpha + \beta = 3ac$、$\alpha\beta = a^2 + c^2$」です。この関係は、$(y - \alpha)(y - \beta) = 0$ を展開した $y^2 - (\alpha + \beta)y + \alpha\beta = 0$ の係数と、(1-4) の係数を比較すれば出てきます。

解の 1 つは $y = b$ なのでこちらを α とすると、$\alpha + \beta = 3ac$ から、もう 1 つの解は $\beta = 3ac - \alpha = 3ac - b$ です。同様に弟の方は $3bc - a$ です。

$$\text{親}(\underline{a}, \underline{b}, \underline{c}) \begin{cases} \text{兄}(\underline{a}, \underline{c}, 3ac-b) \\ \text{弟}(\underline{b}, \underline{c}, 3bc-a) \end{cases}$$

求まった子 $(a', b', c') = $「$(a, c, 3ac-b)$ または $(b, c, 3bc-a)$」から、逆に元の親 (a, b, c) が出てきます。ちなみに親は子と「a'、b'」(「a、c」または「b、c」) が共通の解ですが、残り(「b」または「a」) は以下の通り「$3a'b' - c'$」となっています。

$$3a'b' - c' = 3ac - (3ac - b) = b$$
$$3a'b' - c' = 3bc - (3bc - a) = a$$

$3a'b' - c' \geqq a'$ のとき親 $(a, b, c) = (a', 3a'b' - c', b')$ です。この親から出てくる兄は、$3ac - b = 3a'b' - (3a'b' - c') = c'$ から元の (a', b', c') に戻ります。

$3a'b' - c' < a'$ のとき親 $(a, b, c) = (3a'b' - c', a', b')$ です。この親から出てくる弟は、$3bc - a = 3a'b' - (3a'b' - c') = c'$ から元の (a', b', c') に戻ります。

この親子の関係は可逆なのです。親から子へ、子から親へ、と互いに戻るような関係になっているのです。

◆$(1, 1, 1)$からスタートする解

兄弟を出す規則が分かったところで、x、y、z が一番小さいマルコフ解 $(1, 1, 1)$ からスタートして見ていきましょう。図1-1で「①は兄」「②は弟」です。また $(1, 1, 1)$ と $(1, 1, 2)$ では、子の兄弟は同一となっています。

1章 ◆ マルコフ方程式

図 1-1

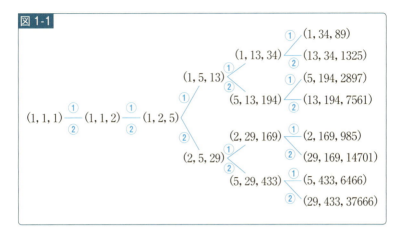

じつは、マルコフ解は 図 1-1（とその続き）で全部です。後ほどじっくり検討しましょう。（今後、「とその続き」を省略します）

図 1-1 を見ると、解に次のような数が現れてきます。

マルコフ数

1　2　5　13　29　34　89　169　194　233　433　……

◆子に関する確認事項

それでは後回しにしていた問題です。マルコフ解 (a,b,c) の子である兄 $(a,c,3ac-b)$ と弟 $(b,c,3bc-a)$ の数の並びは、これで小さい順なのでしょうか。

3　$1 \leq a \leq b \leq c$ のとき、次を示せ。

(1)　$3ac-b > c$　　(2)　$3bc-a > c$

まず a、b、c は正なので、これらを両辺にかけても不等号の向きは変わりません。（今後いちいち断らないで用います。）

$$1 \leq a \leq b \leq c \quad から \quad -1 \geq -a \geq -b \geq -c$$
$$3bc - a \geq 3ac - b \geq 3ac - c \geq 3c - c = 2c > c$$

これで (1)(2) の両方が示されました。兄と弟の数の並びは、これで小さい順なのです。さらに $3ac-b$ や $3bc-a$ は c と異なることから、子の兄弟が親 (a, b, c) と一致することはありません。

この **3** から、次のことが分かります。

「親 (a, b, c) の a, b, c が異なる」

⬇

「子 (a', b', c') の a', b', c' が異なる」

「a'、b'」は「a、c」や「b、c」なので $a' < b'$ です。またともに $b' = c$ ですが、**3** から「b'」の c より「c'」の $3ac-b$ や $3bc-a$ の方が大きいので、$a' < b' < c'$ となります。

1-1 では、$(1, 2, 5)$ の 1、2、5 が異なっています。このため $(1, 2, 5)$ から先の (a, b, c) はずっと a、b、c が異なってきます。

ちなみに (a, b, c) のどの2つも互いに素（最大公約数が1）ならば、その子 $(a, c, 3ac-b)$、$(b, c, 3bc-a)$ のどの2つも互いに素です。たとえば $(a, c, 3ac-b)$ の a と $3ac-b$ が素数 p で割り切れたら、$b = 3c \cdot a - (3ac-b)$ も p で割り切れ、(a, b, c) の a と b が p で割り切れてしまうからです。$(1, 2, 5)$ はどの2つも互いに素なので、この先の (a, b, c) はずっとそうなってきます。

1章 ◆ マルコフ方程式

マルコフ解の家系図

これで全部だ、とキッパリ断言したいね！

◆マルコフ解の親

数学では、解を「無数」に求めても満足しません。問題はそれで「全部」かどうかです。はたしてp17 図1-1 で全部でしょうか。

このことを確かめるために、親をたどっていきましょう。子 (a,b,c) から逆に親 $(a',b',c')=\lceil(a,3ab-c,b)$ または $(3ab-c,a,b)\rfloor$ が求まるのです。（「′」のつけ方が、親子でp16と逆になっています。）

4 マルコフ解 (a,b,c) に親がいる条件を定めよ。

(a,b,c) の親は「a、b」が共通の解です。こうして求まる解は、マルコフ方程式の解にはちがいありませんが、無条件で親と呼べるかは疑問です。図1-1 を見ると、どうも $(1,1,1)$ があやしいですね。$(1,1,1)$ では、親も子の兄弟も「1、1」が共通の解で、当然同一です。その同一の解 $(1,1,2)$ を、図1-1 では親ではなく子としているのです。そうしたいなら、親にはそれなりの条件（資格）をもうける必要がありますね。

そもそも親の「$(a,3ab-c,b)$ または $(3ab-c,a,b)$」に出てくる「$3ab-c$」は、(a,b,c) の $x=a$、$y=b$ を (1-3) に代入した

$$z^2-3abz+a^2+b^2=0 \qquad \cdots\cdots\text{(1-5)}$$

から、$z=c$ と共に出てくる解です。その出てきた $z=3ab-c$

が、もし c と同じ（重解）なら、とうてい親とは呼べません。じつは異なっているのですが、これも後に回しましょう。

懸念はまだあります。もし $3ab-c$ がゼロや負になったら、やはり親とは呼べませんね。じつは $3ab-c>0$ ですが、これも後に回します。

後に回したことは了解済みとして、いよいよ条件です。親の条件として「$3ab-c\leqq b$」とするのです。つまり $3ab-c>b$ のときは、親の候補 $(a,b,3ab-c)$ を親とは見なしません。先ほどの $(1,1,1)$ では $3\times1\times1-1=2>1$ なので、$(1,1,2)$ を親とは見なさないのです。じつは「$3ab-c>b$」となるのは $(a,b,c)=(1,1,1)$ だけ、と後で判明します。つまり親がいないのは $(1,1,1)$ だけです。

$3ab-c\leqq b$ のとき
親 ($\underline{a}$, $3ab-c$, $\underline{b}$) —— 兄 ($\underline{a},\underline{b},\underline{c}$)
親 ($3ab-c$, $\underline{a}$, $\underline{b}$) —— 弟 ($\underline{a},\underline{b},\underline{c}$)

◆親に関する確認事項

それでは後回しにしていた問題です。

5 方程式 (1-5) の 2 つの解は異なっていることを示せ。

判別式 $D\neq 0$ を示します。D は、$ax^2+bx+c=0\ (a\neq 0)$ の解 $x=\dfrac{-b\pm\sqrt{b^2-4ac}}{2a}$ の $\sqrt{\ }$ の中身です。$(D=b^2-4ac)$　$D\neq 0$ の

ときは $+\sqrt{D} \neq -\sqrt{D}$ から、$x = \dfrac{-b-\sqrt{D}}{2a}$、$\dfrac{-b+\sqrt{D}}{2a}$ は異なります。

方程式 (1-5) の判別式 D は、以下の通り $D>0$ です。

$$\begin{aligned} D &= 9a^2b^2 - 4(a^2+b^2) \\ &= 4a^2b^2 - 4a^2 + 4a^2b^2 - 4b^2 + a^2b^2 \\ &= 4a^2(b^2-1) + 4b^2(a^2-1) + a^2b^2 > 0 \quad (1 \leq a \leq b) \end{aligned}$$

$D \neq 0$ なので、方程式 (1-5) の2つの解は異なっています。

また2つの解 $z=c$、$3ab-c$ が異なることから、「a、b、$3ab-c$」を並べかえた親の候補は、子である自分 (a,b,c) と一致しないことも判明しました。

次に、$3ab-c$ はゼロや負でないことを確認しましょう。

> **6** マルコフ解 (a,b,c) $(1 \leq a \leq b \leq c)$ について、次を示せ。
> $$3ab - c > 0$$

方程式 (1-5) の解「α、β」は「c、$3ab-c$」です。「解と係数の関係」から $\alpha\beta = a^2+b^2 > 0$ つまり $c(3ab-c) > 0$ となり、$c>0$ から $3ab-c>0$ です。

◆マルコフ解の親子の「c」

マルコフ解 (a,b,c) に親がいるのは、「$3ab-c \leq b$」のときです。じつは例外 (次の p22 **7** の「　　」部分) を除けば、「=」がはずれて「$3ab-c < b$」となっているのです。

7 マルコフ解 (a, b, c) $(1 \leq a \leq b \leq c)$ について、次を示せ。
ただし「$a \neq 1$ または $a \neq b$」とする。
(1) $b \neq c$ (2) $0 < 3ab - c < b$

(a, b, c) の $x = a$、$y = b$ を (1-3) に代入した p19 (1-5) で、z を x に置きかえます。

$$x^2 - 3abx + a^2 + b^2 = 0 \quad (x = c、3ab - c)$$

ここで $f(x) = x^2 - 3abx + a^2 + b^2$ と置くと、$f(c) = 0$、$f(3ab - c) = 0$ ですが、さらに $f(0) = a^2 + b^2 > 0$ です。問題は $f(b)$ ですが、以下のように $f(b) < 0$ が確かめられます。

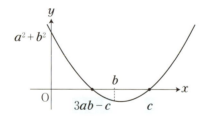

$$f(b) = b^2 - 3ab^2 + a^2 + b^2$$
$$\leq 3b^2 - 3ab^2 \quad (a \leq b \text{ より})$$
$$= 3b^2(1 - a) \leq 0 \quad (1 \leq a \text{ より})$$

ここで「$a \neq 1$ または $a \neq b$」のときは、上記の「$\leq$」のどちらかの等号が成り立たないことに注目です。

$f(b) < 0$ となることから、$b \leq c$ において等号は成り立ちません。$f(b) < 0$、$f(c) = 0$ ということは「(1) $b \neq c$」です。

$y = f(x)$ のグラフと x 軸との交点を見れば分かるように、$x = c$

が $b<c$（b より大）であることから、もう 1 つの $x=3ab-c$ は「(2) $0<3ab-c<b$」（b より小）となっています。

それでは、**7** の条件「$a\neq1$ または $a\neq b$」を満たさないマルコフ解は何でしょうか。それは「$a=1$ かつ $a=b$」つまり「$a=b=1$」のマルコフ解です。

> **8** $a=b=1$ のとき、次をみたす c を求めよ。
> $$a^2+b^2+c^2=3abc$$

$a=b=1$ を $a^2+b^2+c^2=3abc$ に代入すると、
$$1^2+1^2+c^2=3\cdot1\cdot1c$$
$$c^2-3c+2=0$$
$$(c-1)(c-2)=0$$
$$c=1,2$$

p17 図 1-1 の出だしの $(1,1,1)$、$(1,1,2)$ ということで、$(1,1,1)$ は「$b=c$、$3ab-c>b$」、$(1,1,2)$ は「$3ab-c=b$」です。

それでは逆に、「$c=1$ または $c=2$」なら「$a=b=1$」の $(1,1,1)$、$(1,1,2)$ でしょうか。もちろん $c=1$ なら、$1\leq a\leq b\leq c$ から $(1,1,1)$ です。では、$c=2$ はどうでしょうか。

> **9** $c=2$ のとき、$a^2+b^2+c^2=3abc$ をみたす整数 a、b（$1\leq a\leq b\leq c$）を求めよ。

$1\leq a\leq b\leq c=2$ から、可能性は「$a=b=1$」、「$a=1,b=2$」、「$a=b=2$」しかありません。この中で $a^2+b^2+c^2=3abc$ をみたすのは、「$a=b=1$」（$c=2$）の $(1,1,2)$ だけです。

マルコフ解 (a, b, c) $(1 \leq a \leq b \leq c)$
$c = 1 \iff (1, 1, 1)$
$c = 2 \iff (1, 1, 2)$

「$a \neq 1$ または $a \neq b$」 $\iff$ 「$(a, b, c) \neq (1, 1, 1), (1, 1, 2)$」
$\iff$ 「$c \geq 3$」

これで次がいえます。親がいないのは、$c=1$ の $(1,1,1)$ だけです。

マルコフ解 (a, b, c) が「$c \geq 2$」のとき、
「$c' < c$」である親 (a', b', c') が存在する

まず「$c \geq 3$」ならば、**7**から「$b \neq c$、$0 < 3ab - c < b$」です。このとき (a, b, c) の親 (a', b', c') は「$(a, 3ab - c, b)$ または $(3ab - c, a, b)$」で、しかも ($b \neq c$ より) $c' = b < c$、つまり「$c' < c$」となっています。

さらに「$c = 2$」の $(a, b, c) = (1, 1, 2)$ も、$3 \times 1 \times 1 - 2 = 1 (\leq 1)$ から親 $(a', b', c') = (1, 1, 1)$ で、しかも「$c' < c$」となっています。

◆マルコフ解の家系図

いよいよ懸案の問題です。

10 マルコフ解 (a, b, c) $(1 \leq a \leq b \leq c)$ は、**図1-1**の中に存在することを示せ。

まず $c=1$ なら $(1,1,1)$ で、これは p17 図 1-1 の中に存在します。

そこで $c≧2$ とします。このときは (a,b,c) の親 (a',b',c') が存在し、しかも「$c'<c$」となっています。

$c'=1$ つまり $(a',b',c')=(1,1,1)$ なら終了します。$c'≧2$ なら、さらにこの (a',b',c') の親を見ていきます。

こうして次々に親をたどっていくのですが、これがいつまでも続くはずはありません。c より小さな正の整数 c' には限りがあるのです。(これは「フェルマーの無限降下法」とよばれる手法です。)

いずれは $c'=1$ つまり $(a',b',c')=(1,1,1)$ となり終了します。

無事にゴールの $(1,1,1)$ にたどり着きましたが、そもそも最初の (a,b,c) は、逆にこの $(1,1,1)$ からスタートして兄弟で増えていく 図 1-1 の中に存在するといえるのでしょうか。

じつはいえるのです。p16 で見たように、この親子の関係は可逆なのです。最終的に $(1,1,1)$ にたどり着き、どの段階でも逆に兄弟として (a',b',c') から元の (a,b,c) が出てくるのです。このことは、$(1,1,1)$ からスタートして兄弟で増えていく 図 1-1 の中に、最初の解 (a,b,c) が存在するということです。

マルコフ解の家系図は 図 1-1

3 マルコフ解と数列

何かに着目すると、何かが見えてくる……かも！

◆数列（1-1）

マルコフ解を全部求めても、面白くなかったかも知れませんね。それではマルコフ解 (x, y, z) から「数列」を作ってみましょう。

数列（1-1）

$$1 \quad 2 \quad 5 \quad 13 \quad 34 \quad 89 \quad 233 \quad 610 \quad 1597 \quad \cdots\cdots$$

上の数列(1-1)は、「1　2　5」の $(1, 2, 5)$ からスタートして、兄ばかりたどった (x, y, z) の「z」を並べていった数列です。

$$(1, 2, 5) \xrightarrow{①} (1, 5, 13) \xrightarrow{①} (1, 13, 34) \xrightarrow{①} (1, 34, 89) \xrightarrow{①}$$
$$(1, 89, 233) \xrightarrow{①} (1, 233, 610) \xrightarrow{①} (1, 610, 1597) \xrightarrow{①}$$

数列(1-1)には、じつは「ある有名な数列」の数が並んでいます。

フィボナッチ数列

$$1 \quad 1 \quad 2 \quad 3 \quad 5 \quad 8 \quad 13 \quad 21 \quad 34 \quad 55 \quad 89$$
$$144 \quad 233 \quad 377 \quad 610 \quad 987 \quad 1597 \quad 2584 \quad \cdots\cdots$$

「フィボナッチ数列」は、「1、1」からスタートして、$1+1=2$、$1+2=3$、$2+3=5$、$3+5=8$、$5+8=13$、……というように、前の数と自分をたして次の数を出していく数列です。

数列(1-1)とフィボナッチ数列を見比べてみましょう。

<u>1</u>　1　<u>2</u>　3　<u>5</u>　8　<u>13</u>　21　<u>34</u>　55　<u>89</u>

144　<u>233</u>　377　<u>610</u>　987　<u>1597</u>　2584　……

> **11** 数列(1-1)は、フィボナッチ数列の「1つおきの数」となっていることを示せ。

「数列(1-1)」と「フィボナッチ数列の1つおきの数からなる数列」が、一致することを見ていきましょう。

フィボナッチ数列で、順に並んだ数を「$a\ \ a'\ \ b\ \ b'\ \ c$」とします。$a+a'=b$、$a'+b=b'$、$b+b'=c$ であることから、$a'=b-a$、$b'=a'+b=(b-a)+b=2b-a$、$c=b+b'=b+(2b-a)=3b-a$ となっています。1つおきの数「$a\ \ b\ \ c$」は「$a\ \ b\ \ 3b-a$」です。

今度は、数列(1-1)で順に並んだ数を「$a\ \ b\ \ c$」とします。

「$a\ \ b\ \ c$」

親$(1, a, b)$　　兄$(1, b, 3b-a)$

親$(1, a, b)$ から出てくる兄は $(1, b, 3b-a)$ です。つまり「$a\ \ b\ \ c$」は「$a\ \ b\ \ 3b-a$」です。

どちらも「a　b　$3b-a$」、つまり「3倍してその前の数を引く」という同一の規則で出てきています。しかも、始まりはどちらも「1、2」です。こうなると必然的に、2つの数列は一致します。

◆フィボナッチ数列の比の値

フィボナッチ数列ときたら「黄金数」ですね。数列の比の値「$\frac{1}{1}$、$\frac{2}{1}$、$\frac{3}{2}$、$\frac{5}{3}$、$\frac{8}{5}$、$\frac{13}{8}$、$\frac{21}{13}$、$\frac{34}{21}$、……」は黄金数に近づいていくのです。「黄金数」は2次方程式 $x^2-x-1=0$ の（正の）解 $x=\dfrac{1+\sqrt{5}}{2}=1.618033988$ ……です。

$$x^2-x-1=0$$
$$x^2=x+1$$
$$x=1+\frac{1}{x} \quad \text{（両辺を x で割る）}$$

この $\dfrac{1}{x}$ の x に $x=1+\dfrac{1}{x}$ を代入していくと、次になります。

$$x=1+\frac{1}{x} \leftarrow 1+\frac{1}{x} \leftarrow 1+\frac{1}{x} \leftarrow 1+\frac{1}{x}$$

$$\Rightarrow \quad x=1+\cfrac{1}{1+\cfrac{1}{1+\cfrac{1}{1+\cdots\cdots}}}$$

じつはこの途中までを求めた近似値が、フィボナッチ数列の比の値となっているのです。

$$1 + \frac{1}{1} = \frac{2}{1}$$

$$1 + \cfrac{1}{\boxed{1 + \cfrac{1}{1}}} = 1 + \cfrac{1}{\boxed{\cfrac{2}{1}}} = 1 + \frac{1}{2} = \frac{2+1}{2} = \frac{3}{2}$$

$$1 + \cfrac{1}{\boxed{1 + \cfrac{1}{1 + \cfrac{1}{1}}}} = 1 + \cfrac{1}{\boxed{\cfrac{3}{2}}} = 1 + \frac{2}{3} = \frac{3+2}{3} = \frac{5}{3}$$

分母は[1つ前の分子]となっていて、分子は『[1つ前の分子] + [2つ前の分子]』となっていますね。これはフィボナッチ数列の作り方そのものです。

◆数列(1-1)の比の値

数列(1-1)の比の値は何に近づいていくのでしょうか。

もっとも、ある値に近づくという保証はありませんね。本来ならば、このこと（極限値の存在）を先に証明すべきですが、これは後に回しましょう。

> **数列(1-1)**
> (1) 2 5 13 34 89 233 610 1597 ……

ここから当分の間、最初の1は(1)と括弧書きにして、数列の初項は2とします。(a, b, c)からスタートして兄ばかりたどる

と、$x=a$ は同一なので、その目印として (a) と残すことにするのです。

それでは数列(1-1) の比の値を見てみましょう。

$$\frac{5}{2} = 2.5$$

$$\frac{13}{5} = 2.6$$

$$\frac{34}{13} = 2.6153846153\cdots\cdots$$

$$\frac{89}{34} = 2.6176470588\cdots\cdots$$

さて、近づく先の値は何でしょうか。じつは「**黄金数の 2 乗**」です。黄金数 $x = \dfrac{1+\sqrt{5}}{2}$ の 2 乗は、$x^2 - x - 1 = 0$ つまり $x^2 = x + 1$ から、次のように求まります。

$$\left(\frac{1+\sqrt{5}}{2}\right)^2 = \frac{1+\sqrt{5}}{2} + 1 = \frac{3+\sqrt{5}}{2} = 2.6180339887\cdots\cdots$$

12 数列(1-1) の比の値は、(近づくとしたら)何に近づくか。

近づいていく先の値(極限値)を x とします。数列(1-1) で順に並んだ数を「a　b　c」としたときに、$\dfrac{b}{a}$ も $\dfrac{c}{b}$ も x に近づくとするのです。ちなみに $c = 3b - a$ です。

$$\frac{c}{b} = \frac{3b - a}{b}$$

$$= 3 - \frac{a}{b}$$

$$= 3 - \cfrac{1}{\cfrac{b}{a}}$$

ここで、$\dfrac{c}{b}$ も $\dfrac{b}{a}$ も x に近づくとすると、

$$\boxed{x = 3 - \frac{1}{x}}$$

$$x^2 = 3x - 1$$

$$x^2 - 3x + 1 = 0$$

$x > 1$ より $x = \dfrac{3 + \sqrt{5}}{2}$

近づくとしたら $\dfrac{3+\sqrt{5}}{2}$ ですが、p30で見たように、これは「**黄金数の2乗**」です。$x = 3 - \dfrac{1}{x}$ の右辺の x に $3 - \dfrac{1}{x}$ を代入していくと、今度は次のようになります。

$$x = 3 - \cfrac{1}{3 - \cfrac{1}{3 - \cfrac{1}{3 - \cdots\cdots}}}$$

「3 から $\dfrac{1}{3}$ を引く」のではなく、「3 から $\dfrac{1}{2}$ を引く」から始めて見てみましょう。ここで $\dfrac{1}{2}$ の「2」は数列(1-1)の初項です。

$$3 - \frac{1}{2} = \frac{5}{2}$$

$$3-\cfrac{1}{\boxed{3-\cfrac{1}{2}}}=3-\cfrac{1}{\boxed{\cfrac{5}{2}}}=3-\cfrac{2}{5}=\cfrac{3\cdot 5-2}{5}=\cfrac{13}{5}$$

$$3-\cfrac{1}{\boxed{3-\cfrac{1}{3-\cfrac{1}{2}}}}=3-\cfrac{1}{\boxed{\cfrac{13}{5}}}=3-\cfrac{5}{13}=\cfrac{3\cdot 13-5}{13}=\cfrac{34}{13}$$

数列(1-1)の比の値が出てきましたね。分母は[1つ前の分子]となっていて、分子は『3×[1つ前の分子]−[2つ前の分子]』となっています。これは数列(1-1)の作り方そのものです。

◆数列(1-2)(1-3)の比の値

今度は$(5,\square,\square)$からスタートして、兄ばかりたどった数列を見ていきましょう。ただし$(5,\square,\square)$となっている最初の解からスタートすることにします。これには$(5,13,194)$からスタートする数列(1-2)と、$(5,29,433)$からスタートする数列(1-3)があります。(p17 図1-1 参照)

数列(1-2)

(5)　13　194　2897　43261　646018　9647009　…

数列(1-3)

(5)　29　433　6466　96557　1441889　21531778　…

数列(1-2)と数列(1-3)は、同じ規則で出てきた数列です。親$(5,a,b)$から出る兄を$(5,b,c)$とすると、$c=3\cdot 5\cdot b-a=$「$15b$

1章 ◆ マルコフ方程式

$-a$」です。どちらも「15倍してその前の数を引く」という同じ規則で出てきているのです。

こうなると数列(1-2)も数列(1-3)も、その比の値は（近づくとしたら）同じ値に近づきます。近づいていく先の値（極限値）を x とすると、p31と同様に x が求まります。

$$x = 15 - \frac{1}{x}$$

$x^2 - 15x + 1 = 0$

$x > 1$ より　$x = \dfrac{15 + \sqrt{221}}{2}$　（$= 14.93303437\cdots$）

$x = 15 - \dfrac{1}{x}$ の右辺の x に $15 - \dfrac{1}{x}$ を代入していくと、次のようになります。

$$x = 15 - \cfrac{1}{15 - \cfrac{1}{15 - \cfrac{1}{15 - \cdots}}}$$

それでは「15から $\dfrac{1}{15}$ を引く」のではなく、初項13の数列(1-2)は「15から $\dfrac{\square}{13}$ を引く」から、初項29の数列(1-3)は「15から $\dfrac{\square}{29}$ を引く」から始めてみましょう。第2項の出し方から、この□はそれぞれの親（ 1 ,5,13）、（ 2 ,5,29）の「1」「2」となります。

数列(1-3)の方で見てみると、比の値が次のように出てきます。

$$15 - \frac{2}{29} = \frac{433}{29}$$

$$15 - \cfrac{1}{\boxed{15 - \cfrac{2}{29}}} = 15 - \cfrac{1}{\boxed{\cfrac{433}{29}}} = 15 - \frac{29}{433} = \frac{15 \cdot 433 - 29}{433}$$

$$= \frac{6466}{433}$$

$$15 - \cfrac{1}{\boxed{15 - \cfrac{1}{15 - \cfrac{2}{29}}}} = 15 - \cfrac{1}{\boxed{\cfrac{6466}{433}}} = 15 - \frac{433}{6466}$$

$$= \frac{15 \cdot 6466 - 433}{6466} = \frac{96557}{6466}$$

分子と分母が出てくる計算は、まさに数列(1-3)を出す規則そのものですね。

◆「兄の数列」の比の値

これまで「もし近づくとしたら」という仮定の下で進めてきましたね。でも、実際のところはどうなのでしょうか。近づく先の値（極限値）は、本当に存在するのでしょうか。

そこで $(1, 2, 5)$ や $(5, 13, 194)$、$(5, 29, 433)$ に限らず、一般に $(k, \Box, \Box)$ からスタートするとしましょう。これから兄ばかりたどって出てくる数列を見てみるのです。

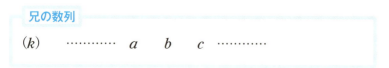

順に並んだ数を「$a \quad b \quad c$」とすると、$c = 3kb - a$ です。

$$\underbrace{\text{「}a \quad b}_{\text{親}(k,a,b)} \quad \underbrace{c\text{」}}_{\text{兄}(k,b,3kb-a)}$$

もし数列「$\cdots \dfrac{b}{a} \quad \dfrac{c}{b} \cdots$」がある値に近づくとしたら、その値 x はこれまでと同様に求まります。

$$x = 3k - \dfrac{1}{x}$$

$x^2 - 3kx + 1 = 0$

$x > 1$ より $\quad x = \dfrac{3k + \sqrt{9k^2 - 4}}{2}$

問題は、数列「$\cdots \dfrac{b}{a} \quad \dfrac{c}{b} \cdots$」が収束するか (ある値に近づいていくか) どうかです。

じつはこの数列は「有界な単調増加数列」であるため、収束に関しては何の心配もないのです。どんどん増加していくのに (単調増加)、行く手がはばまれている (有界) のです。こうなると、どこかに近づかざるをえないのです。「有界な単調数列は必ず収束する」のです。

まず「有界」であること、つまり行く手がはばまれていること

はすぐに分かります。$3k$ という壁を超えられないのです。

$$\frac{c}{b} = \frac{3kb - a}{b}$$
$$= 3k - \frac{a}{b} < 3k$$

問題は「単調増加」つまり $\frac{c}{b} - \frac{b}{a} > 0$ かどうかです。

ためしに計算すると、数列(1-1)では次のようになっています。

$$\frac{13}{5} - \frac{5}{2} = \frac{13 \cdot 2 - 5^2}{5 \cdot 2} = \frac{1}{5 \cdot 2}$$
$$\frac{34}{13} - \frac{13}{5} = \frac{34 \cdot 5 - 13^2}{13 \cdot 5} = \frac{1}{13 \cdot 5}$$

数列(1-2)では、次のようになっています。

$$\frac{2897}{194} - \frac{194}{13} = \frac{2897 \cdot 13 - 194^2}{194 \cdot 13} = \frac{25}{194 \cdot 13}$$
$$\frac{43261}{2897} - \frac{2897}{194} = \frac{43261 \cdot 194 - 2897^2}{2897 \cdot 194} = \frac{25}{2897 \cdot 194}$$

数列(1-3)でも、次のようになっています。

$$\frac{6466}{433} - \frac{433}{29} = \frac{6466 \cdot 29 - 433^2}{433 \cdot 29} = \frac{25}{433 \cdot 29}$$
$$\frac{96557}{6466} - \frac{6466}{433} = \frac{96557 \cdot 433 - 6466^2}{6466 \cdot 433} = \frac{25}{6466 \cdot 433}$$

収束に関しては $\frac{c}{b} - \frac{b}{a} \geq 0$ を示せばよいのですが、どうも $\frac{c}{b} - \frac{b}{a}$ にはクッキリとした規則性がありそうですね。

1章 ◆ マルコフ方程式

> **13**
> $(k, \square, \square)$ からスタートして兄をたどってできる数列で、順に並んだ数を「$a \quad b \quad c$」とするとき、次を示せ。
> $$\frac{c}{b} - \frac{b}{a} = \frac{k^2}{ba}$$

まず $\dfrac{c}{b} - \dfrac{b}{a} = \dfrac{ac - b^2}{ba}$ の中の「ac」を求めます。

(k, a, b) と (k, b, c) は「k、b」が共通な解で、残りが「ac」の a と c です。

そこで $y = k$、$z = b$ を $x^2 + y^2 + z^2 = 3xyz$ に代入して、2次方程式を作ります。この $x^2 - 3kbx + k^2 + b^2 = 0$ の2つの解が $x = a$、c です。

ここで「解と係数の関係」です。解は $x = a$、c なので $ac = k^2 + b^2$ です。これを「ac」に代入するのです。

$$\begin{aligned}
\frac{c}{b} - \frac{b}{a} &= \frac{ac - b^2}{ba} \\
&= \frac{(k^2 + b^2) - b^2}{ba} \\
&= \frac{k^2}{ba}
\end{aligned}$$

これで $\dfrac{c}{b} - \dfrac{b}{a} = \dfrac{k^2}{ba}$ と分かりました。

$\dfrac{k^2}{ba} > 0$ から $\dfrac{c}{b} - \dfrac{b}{a} > 0$ となり、単調増加であることも確かめられたのです。

4 2乗の和に表す

すぐ近くで、「青い鳥」が見つかるかも！

◆数列(1-1)と弟

前節の数列は、さほど面白くなかったかもしれませんね。では、さらに兄をたどった後の（子の）「弟」に目を向けてみましょう。

数列(1-1)

(1)　2　5　13　34　89　233　610　1597　……

兄をたどった $(1,2,5)$、$(1,5,13)$、……から出てくる弟は、$(2,5,29)$、$(5,13,194)$、……です。弟 (x, y, z) の z である 29 や 194 を数列(1-1)の下に書き込むと、次のようになります。

数列(1-1)と弟

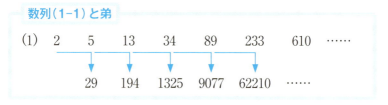

ここで弟の $(2,5,29)$ を見てみると、「$2^2+5^2=29$」という関係に気づきますね。他も次のようになっています。

$(2, 5, 29)$ 　　→　　 $2^2+5^2 = 29$

$(5, 13, 194)$ 　　→　　 $5^2+13^2 = 194$

$(13, 34, 1325)$ 　　→　　 $13^2+34^2 = 1325$

$(34, 89, 9077)$ 　　→　　 $34^2+89^2 = 9077$

$(89, 233, 62210)$ 　　→　　 $89^2+233^2 = 62210$

1章 ◆ マルコフ方程式

ちょっぴり面白くなってきましたね。たとえば弟の $(2, 5, 29)$ からは、ピタゴラス数 $(\Box, \Box, 29)$ が見つかります。「$29 = 2^2 + 5^2$」から $m = 5$、$n = 2$ $(m > n)$ とすると、$(m^2 - n^2, 2mn, m^2 + n^2)$ からピタゴラス数 $(21, 20, 29)$ が出てくるのです。(p11 参照)

> **14** マルコフ解 $(1, a, b)$ から出てくる弟が (a, b, c) のとき、$c = a^2 + b^2$ を示せ。

$c \cdot 1 = a^2 + b^2$ は、じつは p19 方程式 (1-5) の「解と係数の関係」$\alpha\beta = a^2 + b^2$ です。解「α、β」は、(a, b, c)、$(1, a, b)$ の「c、1」なのです。

たとえばマルコフ解 $(13, 34, 1325)$ の親は $3 \cdot 13 \cdot 34 - 1325 = 1$ から $(1, 13, 34)$ です。すると**14**から、弟 $(13, 34, 1325)$ の $c = 1325$ は、「$1325 = 13^2 + 34^2$」と「2 乗の和」に表されるのです。

じつはこの 1325 は、「$1325 = 22^2 + 29^2$」とも表されます。1325 の「2 乗の和」の表し方は、1 通りではないのです。ここでは、あくまでもその中の 1 通りが見つかるというだけの話です。

◆数列 (1-4) と弟

次の数列 (1-4) は、$(2, 5, 29)$ から兄をたどって出てきたものです。今度は、この弟に目を向けてみましょう。(p17 図 1-1 参照)

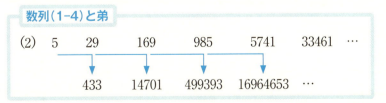

$$5^2 + 29^2 = 433 \cdot 2 \rightarrow \left(\frac{29-5}{2}\right)^2 + \left(\frac{29+5}{2}\right)^2 = 433$$
$$12^2 + 17^2 = 433$$

$$29^2 + 169^2 = 14701 \cdot 2$$
$$\rightarrow \left(\frac{169-29}{2}\right)^2 + \left(\frac{169+29}{2}\right)^2 = 14701$$
$$70^2 + 99^2 = 14701$$

$$169^2 + 985^2 = 499393 \cdot 2$$
$$\rightarrow \left(\frac{985-169}{2}\right)^2 + \left(\frac{985+169}{2}\right)^2 = 499393$$
$$408^2 + 577^2 = 499393$$

15 マルコフ解 $(2, a, b)$ から出てくる弟が (a, b, c) のとき、次を示せ。
$$c \cdot 2 = a^2 + b^2 \quad , \quad c = \left(\frac{b-a}{2}\right)^2 + \left(\frac{b+a}{2}\right)^2$$

左の等式「$c \cdot 2 = a^2 + b^2$」は、p19 方程式 (1-5) の「解と係数の関係」$\alpha\beta = a^2 + b^2$ です。解「α、β」は、(a, b, c)、$(2, a, b)$ の「c、2」です。

右の等式は、左の「$c \cdot 2 = a^2 + b^2$」から出てきます。

$$\left(\frac{b-a}{2}\right)^2 + \left(\frac{b+a}{2}\right)^2 = \frac{b^2 - 2ab + a^2}{4} + \frac{b^2 + 2ab + a^2}{4}$$
$$= \frac{b^2 + a^2}{2}$$
$$= \frac{2c}{2} = c$$

気になるのは、$\dfrac{b-a}{2}$ や $\dfrac{b+a}{2}$ が整数かどうかですね。じつは a、b が奇数なので大丈夫です。$(2,a,b)$ の親をたどっていくと、$z=2$ の $(1,1,2)$ にたどりつきます。$z=2$ は $(1,1,2)$ だけでしたね。親の $z=2$ は、子では $y=2$ となり、孫（弟の方）では $x=2$ となります。この孫が、最初に $x=2$ となる $(2,5,29)$ です。$(2,a,b)$ は、この $(2,5,29)$ から兄をたどって出てきたのです。その出し方は $3\cdot 2\cdot \bigcirc - \triangle$ ですが、$3\cdot 2\cdot \bigcirc$ は偶数なので $-\triangle$ だけが問題となります。でもスタートが $3\cdot 2\cdot 29-5$ と奇数「-5」なので、次々に奇数しか出てこないのです。

この等式のタネは、じつは「ガウスの整数環」です。そこでは $c\cdot 2=a^2+b^2$ が、$c(1+i)(1-i)=(a+bi)(a-bi)$ と分解されます。このとき $c=\dfrac{a+bi}{1+i}\cdot\dfrac{a-bi}{1-i}$ と $c=\dfrac{a+bi}{1-i}\cdot\dfrac{a-bi}{1+i}$ のどちらからも、同一の $c=\left(\dfrac{b-a}{2}\right)^2+\left(\dfrac{b+a}{2}\right)^2$ が出てきます。

◆数列（1-2）（1-3）と弟

数列（1-2）でも、同様に弟に目を向けてみましょう。（p32 参照）

数列（1-2）と弟

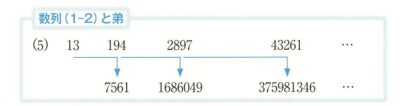

今回は次のようになってきます。ここで $5 = 1^2 + 2^2$ です。

$$13^2 + 194^2 = 7561 \cdot 5$$
$$\rightarrow \left(\frac{194 \cdot 2 - 13 \cdot 1}{5}\right)^2 + \left(\frac{194 \cdot 1 + 13 \cdot 2}{5}\right)^2 = 7561$$
$$75^2 + 44^2 = 7561$$

$$194^2 + 2897^2 = 1686049 \cdot 5$$
$$\rightarrow \left(\frac{2897 \cdot 2 - 194 \cdot 1}{5}\right)^2 + \left(\frac{2897 \cdot 1 + 194 \cdot 2}{5}\right)^2$$
$$= 1686049$$
$$1120^2 + 657^2 = 1686049$$

ここでも気になるのは、（　）の中が整数かどうかですね。でも大丈夫です。数列(1-2)を5で割った余りは、その出し方の3・5・○ー△から、とても規則的になるのです。ちなみに3・5・○は5の倍数なので、ー△だけが問題となってきます。

13、194を5で割った余りの 3、4 から見ていくと、続きは-3、-4 から余りは 2、1 となり、そのまた続きは-2、-1 から余りは 3、4 となって元に戻ります。後はこれが繰り返されることになります。

数列(1-2)を5で割った余り

(5)　13　　194　　2897　　43261　　646018　　9647009　…
　　　3　　 4　　　2　　　 1　　　　3　　　　　4　　…

隣り合った数で確かめると、いずれも5で割り切れます。

3、4　→　4・2 − 3・1 = 5 ,　4・1 + 3・2 = 10

1章 ◆ マルコフ方程式

4、2 → $2 \cdot 2 - 4 \cdot 1 = 0$, $2 \cdot 1 + 4 \cdot 2 = 10$

2、1 → $1 \cdot 2 - 2 \cdot 1 = 0$, $1 \cdot 1 + 2 \cdot 2 = 5$

1、3 → $3 \cdot 2 - 1 \cdot 1 = 5$, $3 \cdot 1 + 1 \cdot 2 = 5$

じつはこのタネも、$c \cdot 5 = a^2 + b^2$ と $5 = 1^2 + 2^2$ から出てくる $c(1+2i)(1-2i) = (a+bi)(a-bi)$ です。

でも今回は $c = \dfrac{a+bi}{1+2i} \cdot \dfrac{a-bi}{1-2i}$ と $c = \dfrac{a+bi}{1-2i} \cdot \dfrac{a-bi}{1+2i}$ から出てくる結果は異なり、2通りあります。そのうちの1通りが先ほどのものです。では、残りの1通りはどこなのでしょうか。ここで思い当たるのが、同じ目印(5)の数列(1-3)です。（p32 参照）

数列(1-3)と弟

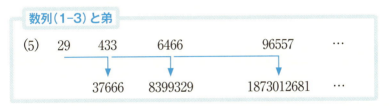

こちらは次のようになっています。ここで $5 = 1^2 + 2^2$ です。

$$29^2 + 433^2 = 37666 \cdot 5$$
$$\rightarrow \left(\frac{433 \cdot 1 - 29 \cdot 2}{5}\right)^2 + \left(\frac{433 \cdot 2 + 29 \cdot 1}{5}\right)^2 = 37666$$
$$75^2 + 179^2 = 37666$$

$$433^2 + 6466^2 = 8399329 \cdot 5$$
$$\rightarrow \left(\frac{6466 \cdot 1 - 433 \cdot 2}{5}\right)^2 + \left(\frac{6466 \cdot 2 + 433 \cdot 1}{5}\right)^2$$
$$= 8399329$$
$$1120^2 + 2673^2 = 8399329$$

数列(1-2)では(　)²+(　)²の「左(　)」の中が「2、1」だったのに対して、数列(1-3)では逆の「1、2」となっていますね。

数列(1-3)を5で割った余り

(5)　29　433　6466　96557　1441889　21531778 …
　　　4　　3　　1　　　2　　　　4　　　　3 …

隣り合った数で確かめると、いずれも5で割り切れます。

4、3　→　3・1−4・2=−5　,　3・2+4・1=10
3、1　→　1・1−3・2=−5　,　1・2+3・1=5
1、2　→　2・1−1・2=0　,　2・2+1・1=5
2、4　→　4・1−2・2=0　,　4・2+2・1=10

◆「2乗の和」に表す

マルコフ数を「2乗の和 a^2+b^2」に表してみましょう。

ただしマルコフ数 c だけではなく、マルコフ解 (a,b,c) を1つ与えられたとします。

16　マルコフ解 $(34, 1325, 135137)$ から、次をみたす正の整数 a、b を1組見つけよ。
$$135137 = a^2 + b^2$$

ここでは(一般論と異なり)「1組」だけというのがミソです。

$(34, 1325, 135137)$ の親を求めると $(13, 34, 1325)$ です。p19 方程式(1-5)の解は「135137、13」で、「解と係数の関係」から次の (A) が出てきます。

$$135137 \cdot 13 = 34^2 + 1325^2$$

$$135137 = \frac{34^2 + 1325^2}{13} \qquad \cdots \text{(A)}$$

$(13, 34, 1325)$ の親を求めると $(1, 13, 34)$ です。この $(1, 13, 34)$ の親は $(1, 5, 13)$ ですが、まだ 13 が残っています。そこでさらに $(1, 5, 13)$ の親を求めると $(1, 2, 5)$ です。これで (1-5) の解は「13、2」となり、「解と係数の関係」から次の (B) が出てきます。

$$13 \cdot 2 = 1^2 + 5^2$$

$$13 = \frac{1^2 + 5^2}{2} \qquad \cdots \text{(B)}$$

$(1, 2, 5)$ の親を求めると $(1, 1, 2)$ です。この $(1, 1, 2)$ の親は $(1, 1, 1)$ です。これで (1-5) の解は「2、1」となり、「解と係数の関係」 $2 \cdot 1 = 1^2 + 1^2$ から次の (C) となります。

$$2 = 1^2 + 1^2 \qquad \cdots \text{(C)}$$

他の場合でも、どんどん小さくなることから何回かで 1 が出てきて、$\Box \cdot \underline{1} = \bigcirc^2 + \triangle^2$ となります。

1 が出たら、今度は逆に (C)、(B)、(A) と戻っていきます。

まず (C) の $2 = 1^2 + 1^2$ を (B) に代入します。

$$13 = \frac{5^2 + 1^2}{1^2 + 1^2}$$

$$13 = \left(\frac{5-1}{2}\right)^2 + \left(\frac{5+1}{2}\right)^2$$

$$13 = 2^2 + 3^2$$

この $13=2^2+3^2$ をさらに (A) に代入します。「左（ ）」の中が「2、3」か「3、2」かは、結果的に整数となる方とします。

$$135137 = \frac{1325^2+34^2}{2^2+3^2}$$

$$135137 = \left(\frac{1325\cdot 2 - 34\cdot 3}{13}\right)^2 + \left(\frac{1325\cdot 3 + 34\cdot 2}{13}\right)^2$$

$$135137 = 196^2 + 311^2$$

これでマルコフ数 135137 が「2乗の和 a^2+b^2」に表されました。$135137 =$「196^2+311^2」です。

一般論（整数論）では、次のようにして求めます。

まずは 135137 を素因数分解します。$135137 = 337\times 401$ です。

次にこれらの素数を a^2+b^2 と表します。ちなみに 337 や 401 は、4 で割ると 1 余る素数です。（p146 参照）$401 = 1^2 + 20^2$ はすぐに気づきますね。じつは $337 = 9^2 + 16^2$ です。

これで $135137 = 337\times 401 = (9^2+16^2)(1^2+20^2)$ までたどりつきました。素因数が「2乗の和 a^2+b^2」に表されたのです。

そこで $a^2+b^2 = (a+bi)(a-bi)$ として、以下のように組み合わせていきます。

$$337 \times 401 = 135137$$
$$(9^2+16^2)(1^2+20^2) = 135137$$
$$(9+16i)(9-16i)(1+20i)(1-20i) = 135137 \quad \cdots \text{(D)}$$
$$(9+16i)(1+20i)(9-16i)(1-20i) = 135137$$

$$(-311+196i)(-311-196i)=135137$$
$$311^2+196^2=135137$$

こちらは、16で出てきたものですね。

じつは組み合わせを変えると、もう1通り出てくるのです。(D) から続けます。

$$(9+16i)(1-20i)(9-16i)(1+20i)=135137$$
$$(329-164i)(329+164i)=135137$$
$$329^2+164^2=135137$$

こちらは、16で出てこなかったものです。

下記は16のような手順で、マルコフ数を「2乗の和」に表したものです。ちなみに（　）はこの手順では出てこないものです。ただし、0 を用いた $(1=0^2+1^2)(169=0^2+13^2)$ は省略しています。

$$2=1^2+1^2 \quad , \quad 5=1^2+2^2$$
$$13=2^2+3^2 \quad , \quad 29=2^2+5^2$$
$$34=3^2+5^2 \quad , \quad 89=5^2+8^2$$
$$169=5^2+12^2 \quad , \quad 194=5^2+13^2$$
$$233=8^2+13^2 \quad , \quad 433=12^2+17^2$$
$$610=13^2+21^2 \quad , \quad (610=9^2+23^2)$$
$$985=12^2+29^2 \quad , \quad (985=16^2+27^2)$$
$$1325=13^2+34^2 \quad , \quad (1325=22^2+29^2)$$
$$\quad \quad (1325=10^2+35^2)$$

図 1-2

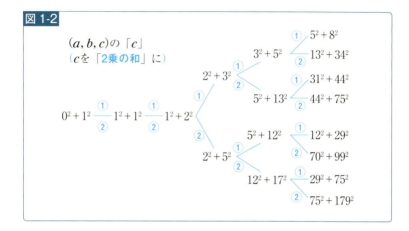

5. （続）2乗の和に表す

気になったら、解決してスッキリしたいよね！

◆ $k = m^2 + n^2$ の「m、n」の順序（1）

前節で気になることがありましたね。弟 (a, b, c) の c を「2乗の和 $a^2 + b^2$」に表したとき、なぜか同じ数列では「m、n」の順序がどれも同じだったのです。「左（ ）」の中が、数列(1-2)はいずれも「2、1」で、数列(1-3)はいずれも「1、2」でした。

そもそも、こんなことは一般にいえるのでしょうか。まずは具体例で、この辺りの事情を探ってみることにしましょう。

数列(1-2)と弟

(5)　13　194　2897　　　43261　…
　　　　　↓　　↓　　　　↓
　　　　7561　1686049　　375981346　…

最初の 7561、1686049 を 2 乗の和に表すと、次のようになっていました。（p42 参照）

$$75^2 + 44^2 = 7561 \quad \cdots\cdots ①$$
$$1120^2 + 657^2 = 1686049 \quad \cdots\cdots ②$$

じつは①から②が、次のようにして求まるのです。

$$75^2 + 44^2 = 7561$$
$$(3 \cdot 194 \cdot 2 - 44)^2 + (3 \cdot 194 \cdot 1 + 75)^2 = 1686049$$

上式の中の 194 は、①の 7561 が出てきた $(13, 194, 7651)$ の $y =$ 194、もしくはその親 $(5, 13, 194)$ の $z = 194$ です。「数列(1-2)と弟」では 7561 の上にある 194 です。

また「2、1」は目印(5)の 5 = $1^2 + 2^2$ からきていますが、この「2、1」という順序は①を求めた

$$\left(\frac{194 \cdot 2 - 13 \cdot 1}{5}\right)^2 + \left(\frac{194 \cdot 1 + 13 \cdot 2}{5}\right)^2 = 7561$$

の「左( )」の中の「2、1」です。

続きの 375981346 は、次のようになります。ここで②の 1686049 の上の数は 2897 で、「2、1」の順序はそのままですね。

$$1120^2 + 657^2 = 1686049 \quad \cdots\cdots ②$$

$$(3 \cdot 2897 \cdot 2 - 657)^2 + (3 \cdot 2897 \cdot 1 + 1120)^2 = 375981346$$

$$16725^2 + 9811^2 = 375981346 \quad \cdots\cdots ③$$

今度は数列(1-3)を見てみましょう。(p43 参照)

数列(1-3)と弟

(5)	29	433	6466	96557	…
		37666	8399329	1873012681	…

$$75^2 + 179^2 = 37666 \quad \cdots\cdots ④$$

$$(3 \cdot 433 \cdot 1 - 179)^2 + (3 \cdot 433 \cdot 2 + 75)^2 = 8399329$$

$$1120^2 + 2673^2 = 8399329 \quad \cdots\cdots ⑤$$

「左( )」の中は「1、2」で、順序が先ほどと逆です。

$$1120^2 + 2673^2 = 8399329 \quad \cdots\cdots ⑤$$

$$(3 \cdot 6466 \cdot 1 - 2673)^2 + (3 \cdot 6466 \cdot 2 + 1120)^2 = 1873012681$$

$$16725^2 + 39916^2 = 1873012681 \quad \cdots\cdots ⑥$$

続きを見ても、「1、2」の順序は逆のままですね。

それでは一般の場合を見てみましょう。ただしマルコフ数の「2乗の和」の表し方は、これまでの手順で出たものとします。またマルコフ数 k は、$k = m^2 + n^2$（m、n は正の整数）とします。

> **17** (k, b, c) から出る弟 $(b, c, \bigcirc)$ の $z (= \bigcirc)$ が
> $$A^2 + B^2 \quad \left(A = \frac{cm - bn}{k} \ , \ B = \frac{cn + bm}{k} \right)$$
> と表されたとき、この弟の甥（弟の方）の z は
> $$A'^2 + B'^2 \quad (A' = 3cm - B \ , \ B' = 3cn + A)$$
> と表されることを示せ。

兄の数列と弟

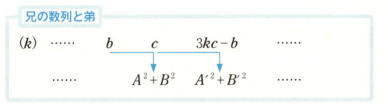

家系図では、次のような状況になっています。

```
                    (k, b, c)
                   ①      ②
        (k, c, 3kc−b)    (b, c, 3bc−k)  ← 3bc−k = A² + B²
         ①      ②
              (c, 3kc−b, □)  ← □ = A′² + B′²
```

　問題となっているのは、同じ数列では「m、n」の順序はこのまま引き継がれるのかどうかです。じつはそうすることで、（　）の中がうまく整数となるのです。

　それでは $(c, 3kc−b, □)$ から、「m、n」の順序を叔父と同じにして、$A′^2 + B′^2$ を求めてみましょう。

$$\left(\frac{(3kc-b)\,m - c\,n}{k}\right)^2 + \left(\frac{(3kc-b)n + cm}{k}\right)^2$$
$$= \left(\frac{3kcm - (cn+bm)}{k}\right)^2 + \left(\frac{3kcn + (cm-bn)}{k}\right)^2$$
$$= (3cm - B)^2 + (3cn + A)^2$$

　同じ数列では「m、n」の順序をそのままにすることで、（　）の中が $3cm−B$、$3cn+A$ と確かに整数となりましたね。

◆「同じ系列の創始者」の従兄弟

　こうなると気になるのは、同じ目印のもう一方の数列の「m、n」の順序です。目印（k）が $k=5$ の場合は、「2、1」が「1、2」に入れかわりました。では、一般にはどうなのでしょうか。

そこで、まずは従兄弟の関係を見てみましょう。

ただし一般の従兄弟ではありません。目印 (k) が $k=5$ の場合なら、数列(1-2)(1-3)の始まりの $(5, 13, 194)$ と $(5, 29, 433)$ の関係に限ったものです。これらの親はもはや $x=5$ の $(5, \square, \square)$ ではない、というのが前提です。この $(5, 13, 194)$ と $(5, 29, 433)$ は、いわば「<u>5 の系列の創始者</u>」の従兄弟同士です。ここでは「<u>同じ系列の創始者</u>」である従兄弟同士に限定して見ていきましょう。

もちろん求めたいのは具体的な式です。$(5, 13, 194)$ と $(5, 29, 433)$ でいうならば、5 は共通として、$(5, 13, 194)$ の「13、194」を代入すると $(5, 29, 433)$ の「29、433」が出てきて、逆に $(5, 29, 433)$ の「29、433」を代入すると $(5, 13, 194)$ の「13、194」が出てくるような式です。

---

18 (k, b, c) と (k, b', c') が「k の系列の創始者」である従兄弟同士のとき、次の関係をみたす行列 M を求めよ。

$$\begin{pmatrix} b' \\ c' \end{pmatrix} = \begin{pmatrix} \square & \square \\ \square & \square \end{pmatrix} \begin{pmatrix} b \\ c \end{pmatrix} \quad M = \begin{pmatrix} \square & \square \\ \square & \square \end{pmatrix}$$

$\begin{cases} b' = \square\, b + \square\, c \\ c' = \square\, b + \square\, c \end{cases}$ の □ を、k を用いて表すのです。

まずは家系図にまとめてみましょう。

(k, b, c) の親は $x=k$ ではないので $(3kb-c, k, b)$ です。同じく (k, b', c') の親は $(3kb'-c', k, b')$ です。

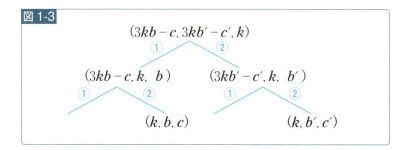

図 1-3

$(3kb-c, k, b)$ の方を兄、$(3kb'-c', k, b')$ の方を弟として、この兄弟の（共通の）親 (α, β, γ) を見てみます。

$(3kb-c, k, b)$ が兄ということは、$\alpha = 3kb-c$、$\gamma = k$ です。

$(3kb'-c', k, b')$ が弟ということは、$\beta = 3kb'-c'$、$\gamma = k$ です。

親 $(\alpha, \beta, \gamma) = (3kb-c, 3kb'-c', k)$ ですが、ここで条件があります。

親 $(3kb-c, 3kb'-c', k)$ の子の兄の方が $(3kb-c, k, b)$ ということは、$b = 3k(3kb-c) - (3kb'-c')$ です。

親 $(3kb-c, 3kb'-c', k)$ の子の弟の方が $(3kb'-c', k, b')$ ということは、$b' = 3k(3kb'-c') - (3kb-c)$ です。

$$\begin{cases} b = 3k(3kb-c) - (3kb'-c') \\ b' = 3k(3kb'-c') - (3kb-c) \end{cases}$$

上式は次のようになります。

$$\begin{cases} 3kb'-c' = (9k^2-1)b - 3kc \\ (9k^2-1)b' - 3kc' = 3kb-c \end{cases}$$

後はこの連立方程式を解いて「b'、c'」を求めるだけです。もし行列を用いるなら、この連立方程式は次のように表されます。

$$\begin{pmatrix} 3k & -1 \\ 9k^2-1 & -3k \end{pmatrix} \begin{pmatrix} b' \\ c' \end{pmatrix} = \begin{pmatrix} 9k^2-1 & -3k \\ 3k & -1 \end{pmatrix} \begin{pmatrix} b \\ c \end{pmatrix}$$

じつは $\begin{pmatrix} 3k & -1 \\ 9k^2-1 & -3k \end{pmatrix}$ の逆行列は自分自身です。この逆行列を上の式の両辺にかけます。(連立方程式を解いているのです。)

$$\begin{pmatrix} b' \\ c' \end{pmatrix} = \begin{pmatrix} 3k & -1 \\ 9k^2-1 & -3k \end{pmatrix} \begin{pmatrix} 9k^2-1 & -3k \\ 3k & -1 \end{pmatrix} \begin{pmatrix} b \\ c \end{pmatrix}$$

$$\begin{pmatrix} b' \\ c' \end{pmatrix} = \begin{pmatrix} 27k^3-6k & -9k^2+1 \\ 81k^4-27k^2+1 & -27k^3+6k \end{pmatrix} \begin{pmatrix} b \\ c \end{pmatrix}$$

これで行列 M が求まりました。

$$M = \begin{pmatrix} 27k^3-6k & -9k^2+1 \\ 81k^4-27k^2+1 & -27k^3+6k \end{pmatrix}$$

(連立方程式を解いて)「b'、c'」が次のように求まったのです。

$$\begin{cases} b' = (27k^3-6k)b + (-9k^2+1)c \\ c' = (81k^4-27k^2+1)b + (-27k^3+6k)c \end{cases}$$

さて、勝手に $(3kb-c, k, b)$ の方を兄、$(3kb'-c', k, b')$ の方を弟としたことが心配かもしれませんね。

大丈夫です。単に「′」をつけかえればよいのです。じつは、行列 M の逆行列も M 自身です。

こうなると気になることがありますね。

5の系列の創始者である従兄弟は、確かに $(5, 13, 194)$ と $(5, 29, 433)$ の2つあります。でも、((1, 1, 1)、(1, 1, 2) は除外するとして)「1の系列の創始者」は数列(1-1)が出てきた $(1, 2, 5)$ だけで、「2の系列の創始者」も数列(1-2)が出てきた $(2, 5, 29)$ だけです。これらには、そもそも求めるべき従兄弟がいません。もしこの状況を避けたいなら、単に目印(k)のマルコフ数 k に「$k \geq 5$」と条件をつければ済むことです。でも $(1, 2, 5)$ や $(2, 5, 29)$ から何が出てくるのか、やはり気になりますよね。

---

19 次の関係をみたすとき、(k, b', c') を求めよ。
$$\begin{pmatrix} b' \\ c' \end{pmatrix} = \begin{pmatrix} 27k^3 - 6k & -9k^2 + 1 \\ 81k^4 - 27k^2 + 1 & -27k^3 + 6k \end{pmatrix} \begin{pmatrix} b \\ c \end{pmatrix}$$
(1) $k = 1$、$b = 2$、$c = 5$ (2) $k = 2$、$b = 5$、$c = 29$

---

(1) $k = 1$ のとき、行列は $\begin{pmatrix} 21 & -8 \\ 55 & -21 \end{pmatrix}$ です。

$$\begin{cases} b' = 21 \times 2 - 8 \times 5 = 2 \\ c' = 55 \times 2 - 21 \times 5 = 5 \end{cases}$$

何と、自分自身の $(1, 2, 5)$ が求まりました。

(2) $k = 2$ のとき、行列は $\begin{pmatrix} 204 & -35 \\ 1189 & -204 \end{pmatrix}$ となり、やはり自分自身の $(2, 5, 29)$ が求まります。

さて先ほどの行列から、同じ系列の創始者である従兄弟は見つ

かります。だけど従兄弟でない同じ系列の創始者が見つかるわけではないのです。

そもそもいったんマルコフ数 k が $(\square, \square, k)$ として現れたなら、p54 図1-3 のように、孫は「k の系列の創始者」である従兄弟同士となります。k の系列は、$k=1$ や $k=2$ のときは1つしかありませんが、$k \geq 5$（k はマルコフ数）のときは少なくとも2つはあるということです。

でも、そのいったん現れる $(\square, \square, k)$ が、どの k でも1度きりかどうかは不明なのです。これは有名な「未解決問題」です。

> **未解決問題** $x^2+y^2+z^2=3xyz\,(1 \leq x<y<z)$ は、z が等しい異なる2つの整数解 (a, b, k)、(a', b', k) をもつか。

そうなるマルコフ数 k を、1つでも見つけたら解決です。ただし、くれぐれも $1 \leq a<b<k$、$1 \leq a'<b'<k$ です。

もっとも大方の予想は、そのような k は見つからないだろうというものです。こちらを示しても解決です。

それでは、k の系列の創始者の従兄弟をいくつか計算してみましょう。ここで k は「1, 2, 5, 13, 29, …」といったマルコフ数です。

20
次の系列 k の創始者の従兄弟を求めよ。

(1) $k=5$ 　$(5, 13, 194)$
(2) $k=13$ 　$(13, 34, 1325)$
(3) $k=29$ 　$(29, 169, 14701)$

(1) $M = \begin{pmatrix} 3345 & -224 \\ 49951 & -3345 \end{pmatrix}$、$b = 13$、$c = 194$

$\begin{cases} b' = 3345 \times 13 - 224 \times 194 = 29 \\ c' = 49951 \times 13 - 3345 \times 194 = 433 \end{cases}$

$(5, 13, 194)$ の従兄弟は $(5, 29, 433)$　（以下 p17 図 1-1 参照）

(2) $M = \begin{pmatrix} 59241 & -1520 \\ 2308879 & -59241 \end{pmatrix}$、$b = 34$、$c = 1325$

$b' = 194$、$c' = 7561$ と求まり、従兄弟は $(13, 194, 7561)$

(3) $M = \begin{pmatrix} 658329 & -7568 \\ 57267055 & -658329 \end{pmatrix}$、$b = 169$、$c = 14701$

$b' = 433$、$c' = 37666$ と求まり、従兄弟は $(29, 433, 37666)$

◆ $k = m^2 + n^2$ の「m、n」の順序（2）

長い準備で、何をしたかったのかあやしくなってきましたね。問題となっていたのは、$k = m^2 + n^2$ の「m、n」の順序です。

21

(k, b, c) と (k, b', c') が同じ系列 k の創始者の従兄弟同士のとき、次を示せ。

(k, b, c) から出てくる弟 $(b, c, \square)$ の $z (= \square)$ が

$$\left(\frac{cm - bn}{k} \right)^2 + \left(\frac{cn + bm}{k} \right)^2$$

のとき、(k, b', c') から出てくる弟 $(b', c', \square')$ の $z (= \square')$ は、「m、n」の順序が入れかわった

$$\left(\frac{c'n - b'm}{k} \right)^2 + \left(\frac{c'm + b'n}{k} \right)^2$$

1章 ◆ マルコフ方程式

2つの等式に関しては、単に展開して確かめるだけです。ここでは (k, b, c) から出てくる弟 $(b, c, \square)$ の $z=\square$ を見てみますが、(k, b', c') から出てくる弟の $z=\square'$ も同様です。

$z = 3bc - k$ なので次を示します。ここで $k = m^2 + n^2$ です。

$$\left(\frac{cm-bn}{k}\right)^2 + \left(\frac{cn+bm}{k}\right)^2 = 3bc - k$$

まず、$k^2 + b^2 + c^2 = 3kbc$ から $b^2 + c^2 = k(3bc - k)$ です。

$$\left(\frac{cm-bn}{k}\right)^2 + \left(\frac{cn+bm}{k}\right)^2$$

$$= \frac{c^2m^2 - 2mnbc + b^2n^2}{k^2} + \frac{c^2n^2 + 2mnbc + b^2m^2}{k^2}$$

$$= \frac{c^2(m^2+n^2) + b^2(m^2+n^2)}{k^2}$$

$$= \frac{c^2k + b^2k}{k^2} \quad (k = m^2 + n^2 \text{ より})$$

$$= \frac{k(c^2+b^2)}{k^2}$$

$$= \frac{k^2(3bc-k)}{k^2} \quad (b^2 + c^2 = k(3bc-k) \text{ より})$$

$$= 3bc - k$$

問題は、下の方の「m、n」の順序を入れかえた式で、(　) の中が整数となるかどうかですね。つまり (　) の中の分子が、k で割り切れるかどうかです。

ここで用いるのが先ほどの結果です。

$$\begin{pmatrix} b' \\ c' \end{pmatrix} = \begin{pmatrix} 27k^3-6k & -9k^2+1 \\ 81k^4-27k^2+1 & -27k^3+6k \end{pmatrix} \begin{pmatrix} b \\ c \end{pmatrix}$$

$$b' = (27k^3-6k)b + (-9k^2+1)c$$
$$= k\{(27k^2-6)b + (-9k)c\} + c$$

$$c' = (81k^4-27k^2+1)b + (-27k^3+6k)c$$
$$= k\{(81k^3-27k)b + (-27k^2+6)c\} + b$$

上の式から分かるように、k で割った余りに関しては、b' は c と、c' は b と同一となっています。

このため (k, b', c') から出てくる弟は、(k, b, c) のときの「m、n」の順序を「n、m」と入れかえて、2乗の和を作ることになるのです。

コラム I マルコフ解 (x, b, c) の x の求め方

何も見ないで（p17 図1-1 を見ないで）、マルコフ解 $(x, 433, 37666)$ の x を当てることができますか。

もちろん x は、**2次方程式**

$$x^2 + 433^2 + 37666^2 = 3 \cdot 433 \cdot 37666 \cdot x \quad (1 \leq x < 433)$$

を解けば求まります。しかも因数分解で求まる……はずです。

無数にあるマルコフ解を用いれば、このような2次方程式をいくらでも作ることができます。これから紹介する方法でパッと解いてみせたら、手品だと思われるかもしれませんね。（電卓必携）

じつはマルコフ解 (x, b, c) の x は、割り算で求まるのです。通常の「**余りのある割り算**」ではなく、「**不足のある割り算**」です。

$(x, 433, 37666)$ なら、$c = 37666$ を $3b = 3 \times 433$ で割ります。

$$37666 \div (3 \times 433) = 28.9\cdots\cdots$$

「**余りのある割り算**」　$37666 \div (3 \times 433) = 28$ 余り 1294
「**不足のある割り算**」　$37666 \div (3 \times 433) = 29$ 不足 5

この「不足のある割り算」の「商29」が、求める x となります。$x = 29$ です。

ちなみに、このときの「不足5」は $(x, 433, 37666)$ の親に現れます。$(29, 433, 37666)$ の親は「$3 \times 29 \times 433 - 37666 = 5$」から $(5, 29, 433)$ ですが、これを「$37666 - 3 \times 29 \times 433 = -5$」とすれば、まさしく「$37666 \div (3 \times 433) = 29$ 不足 5」そのものですね。

それでは問題です。ちなみに $c≧2$ のときは親がいます。(p24 参照)

> **問** マルコフ解 (x, b, c) $(c≧2)$ において
> 「$c÷3b=q$ 不足 r」($0≦r<3b$)
> のとき、$x=q$ つまり $(x, b, c)=(q, b, c)$ であり、この親は
> 「(q, r, b) または (r, q, b)」であることを示せ。

$x=a$、つまり $(x, b, c)=(a, b, c)$ ($1≦a≦b≦c$) とします。$3ab-c=k$ とおくと、この親は「(a, k, b) または (k, a, b)」($0<k≦b$) です。

$3ab-c=k$ から、

$$c=3ab-k \quad (0<k≦b) \quad \cdots\cdots ①$$

一方、「$c÷3b=q$ 不足 r」から、

$$c=3qb-r \quad (0≦r<3b) \quad \cdots\cdots ②$$

①②より $3ab-k=3qb-r$

$$3b(a-q)=k-r \quad \cdots\cdots ③$$

ここで、「$0<k≦b$, $0≦r<3b$」から「$-3b<k-r≦b$」
この不等式の $k-r$ に③を代入すると

$$-3b<3b(a-q)≦b$$
$$-1<a-q≦\frac{1}{3} \quad \text{($3b>0$ で割る)}$$

$a-q$ は整数なので $a-q=0$ となり $a=q$、さらに③より $k-r=0$ つまり $k=r$ となります。

2章
4マルコフ解 と 5マルコフ解

$$x^2 + y^2 + z^2 = xyz + 4$$

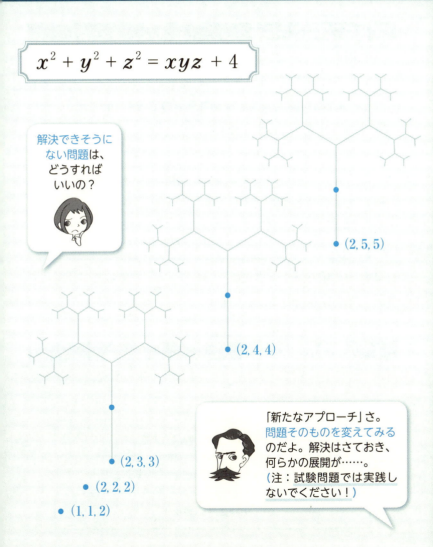

6 4マルコフ方程式

どう「拡張」するのか、ここが運命の分かれ道だね！

◆マルコフ方程式の拡張

　誰かが上手くいったら、我も……と考えるのは世の常です。数学者とて例外ではありません。拡張の形をとることも多く、フェルマーの最終定理にしても、ピタゴラスの定理の「$x^2+y^2=z^2$」の「2乗」を「n乗」に拡張したものです。

　マルコフ方程式「$x^2+y^2+z^2=3xyz$」の場合はどうでしょうか。じつは、次の「フルウィッツ方程式」があります。「3」を「a」にして、変数を3個からn個に増やしたのです。

$$x_1^2+x_2^2+\cdots\cdots+x_n^2=ax_1x_2\cdots x_n \quad \cdots (2\text{-}1)$$

　これから見ていく方程式は、「3」を「a」にするまでは同じですが、変数は3個のままとします。

◆4マルコフ方程式

「3」を「1」にして、さらに「4」を加えた次の方程式(2-2)を見てみましょう。

$$x^2+y^2+z^2=xyz+4 \quad \cdots (2\text{-}2)$$

　方程式(2-2)は、じつはDon B. Zagier（ザギエ）が考察した

$$x^2+y^2+z^2=3xyz+\frac{4}{9} \quad \cdots (2\text{-}3)$$

の両辺を9倍した

$$(3x)^2 + (3y)^2 + (3z)^2 = (3x)(3y)(3z) + 4$$

において、$3x$、$3y$、$3z$ を改めて x、y、z と置いたものです。

Don B. Zagier は**双曲線関数**(の逆関数)$f(t) = \cosh^{-1}\left(\dfrac{3t}{2}\right)$ を用いて、(2-3) が $f(x) + f(y) = f(z)$ と書けることを示しました。(p119 参照) (2-2) にも、何かありそうな予感がしてきますね。

方程式 (2-2) を、$xyz + 4$ の 4 をとって「**4マルコフ方程式**」、その**正の整数解** (x, y, z) $(1 \leq x \leq y \leq z)$ を「**4マルコフ解**」、解に現れる数を「**4マルコフ数**」と呼ぶことにします。このため $(0, 0, 2)$ は (2-2) の解ですが、4マルコフ解には入れません。

じつは4マルコフ解も「無数」にあります。でも今回は、誰かに腕試しを持ちかけるのは、止めておいた方が無難です。

22 4マルコフ解を5個見つけよ。

$2^2 = 4$ を用いて4を消そうと考えた瞬間、解が無限に見つかります。まずは、$a = 2$ である4マルコフ解 $(2, b, c)$ $(2 = a \leq b \leq c)$ を求めてみましょう。

$$2^2 + b^2 + c^2 = 2bc + 4$$
$$b^2 - 2bc + c^2 = 0$$
$$(b - c)^2 = 0$$
$$b = c$$

求まった $a = 2$ の4マルコフ解は $(2, b, b)$ $(2 \leq b)$ です。これで

$(2,2,2)$、$(2,3,3)$、$(2,4,4)$、$(2,5,5)$、$(2,6,6)$、……と (5個どころか) 無数に見つかりました。

さて、$b=2$ の 4 マルコフ解 $(a,2,c)$ $(a\leqq 2\leqq c)$ は、同様に $a=c$ となることから $(2,2,2)$ です。$c=2$ の 4 マルコフ解 $(a,b,2)$ $(a\leqq b\leqq 2)$ も、同様に $a=b$ となり $(1,1,2)$ と $(2,2,2)$ です。

$$4 マルコフ解 (a,b,c) (1\leqq a\leqq b\leqq c)$$
$$a=2 \iff (2,b,b)(2\leqq b)$$
$$b=2 \iff (2,2,2)$$
$$c=2 \iff (1,1,2), (2,2,2)$$

ここで、$a=1$ の解も求めておきましょう。

23 $a=1$ である 4 マルコフ解 $(1,b,c)$ $(1=a\leqq b\leqq c)$ を求めよ。

$$1^2+b^2+c^2=bc+4$$
$$b^2+c^2-bc=3$$
$$b^2+c(c-b)=3$$

$1\leqq b\leqq c$ から「$b=1$、$c(c-b)=2$」となり、$c(c-1)=2$、$c^2-c-2=0$、$(c+1)(c-2)=0$ から $c=2$ です。「$b=1$、$c=2$」つまり $(1,b,c)=(1,1,2)$ です。

$$4 マルコフ解 (a,b,c) (1\leqq a\leqq b\leqq c)$$
$$a=1 \iff (1,1,2)$$

「$a \leq 2$」ならば $a=1$ の $(1,1,2)$ か $a=2$ の $(2,b,b)$ $(2 \leq b)$ なので、「$a=b$ または $b=c$」です。このため「$a \neq b$ かつ $b \neq c$」つまり「a、b、c が異なる」ならば「$a \geq 3$」です。

$$4 マルコフ解 (a,b,c) \ (1 \leq a \leq b \leq c)$$
「a、b、c が異なる」 ➡ 「$3 \leq a$」

4マルコフ「解」でなく4マルコフ「数」ならば、早くも解決です。1と2は $(1,1,2)$ に、$b \geq 3$ は $(2,b,b)$ に現れています。

$$4 マルコフ数はすべての正の整数$$

◆ 4マルコフ解の「親」と「子の兄弟」

4マルコフ解 (a,b,c) でも、「a、c」が共通の解を「兄」、「b、c」が共通の解を「弟」、この兄弟を (a,b,c) の「子」とします。$a=b$ の場合は兄弟が一致します。「a、b」が共通の解は (a,b,c) の「親」とします。ただしあらかじめ条件をもうけ、条件をみたさないときは親や子とは呼びません。

$ac-b>c$、$bc-a>c$ のとき

$$親(\underline{a},\underline{b},\underline{c}) \begin{cases} 兄(\underline{a},\underline{c},ac-b) \\ 弟(\underline{b},\underline{c},bc-a) \end{cases}$$

「$ac-b \leq c$」のときは兄が、「$bc-a \leq c$」のときは弟がいません。$ac-b \leq bc-a$ であることから、(世俗とは異なり)弟がいないときは兄もいません。また「$ac-b>c$、$bc-a>c$」のとき、

親子が一致する心配はありません。

4マルコフ解 (a, b, c) の親は、(条件をみたせば)「$(a, ab-c, b)$ または $(ab-c, a, b)$」です。

$0 < ab-c \leq b$、$ab-c \neq c$ のとき

親 $(\underline{a}, ab-c, \underline{b})$ —— 兄 $(\underline{a}, \underline{b}, c)$

親 $(ab-c, \underline{a}, \underline{b})$ —— 弟 $(\underline{a}, \underline{b}, c)$

条件「$ab-c \neq c$」は、p64 (2-2) で (a, b, c) の $x=a$、$y=b$ とした次の (2-4) から、新たな解 $z=ab-c$ が出てくることです。

$$z^2 - abz + a^2 + b^2 - 4 = 0 \qquad \cdots (2\text{-}4)$$

◆ 親がいない4マルコフ解

これから(親がいない)家系図の出だしの4マルコフ解、つまり「スタート解」を見ていきましょう。ただし親がいないというだけでは、子もいない「孤立解」の可能性もあります。

まずは「親の候補」が自分自身と一致する、「$ab-c=c$」の場合を見てみましょう。

24「$ab-c=c$」のとき、4マルコフ解 (a, b, c) を求めよ。

これは方程式 (2-4) が「重解をもつ」、つまり判別式「$D=0$」のときです。(2-4) では $D = a^2 b^2 - 4(a^2 + b^2 - 4)$ です。

$$a^2 b^2 - 4(a^2 + b^2 - 4) = 0$$
$$a^2 b^2 - 4a^2 - 4b^2 + 16 = 0$$

$$(a^2-4)(b^2-4)=0$$
$$(a+2)(a-2)(b+2)(b-2)=0$$
$$1 \leqq a \leqq b \quad \text{より} \quad a=2 \text{ または } b=2$$

p66 で見たように、$a=2$ は $(2,b,b)$ $(b \geqq 2)$ です。$b=2$ は $(2,2,2)$ ですが、これは $(2,b,b)$ に含まれています。

$$4\text{マルコフ解 }(a,b,c) \ (1 \leqq a \leqq b \leqq c)$$
$$\text{「}ab-c=c\text{」} \iff \text{「}(2,b,b)\,(b \geqq 2)\text{」} \iff \text{「}a=2\text{」}$$

$(2,b,b)$ $(b \geqq 2)$ には親がいないと分かりました。それでは親がいない残りの「$ab-c \leqq 0$」の場合を見てみましょう。

25 「$ab-c \leqq 0$」のとき、4マルコフ解 (a,b,c) を求めよ。

方程式 (2-4) の解 $z=c$、$ab-c$ について、「解と係数の関係」から $c(ab-c)=a^2+b^2-4$ です。$ab-c \leqq 0$ のときは $a^2+b^2-4 \leqq 0$、$a^2+b^2 \leqq 4$ ですが、これをみたす正の整数 a、b は $a=b=1$ だけです。ところが $a=1$ である4マルコフ解は $(1,1,2)$ だけです。この $(1,1,2)$ は確かに「$1 \times 1 - 2 = -1 \leqq 0$」となっています。

$$4\text{マルコフ解 }(a,b,c) \ (1 \leqq a \leqq b \leqq c)$$
$$\text{「}ab-c \leqq 0\text{」} \iff (1,1,2) \iff \text{「}a=1\text{」}$$

◆「スタート解」と「孤立解」

親がいないのは $(1,1,2)$ と $(2,b,b)$ $(b \geqq 2)$ ですが、これらはス

タート解と孤立解のどちらでしょうか。子がいたら「スタート解」、子もいなければ「孤立解」です。じつは次の通りです。

$$(1, 1, 2)、(2, 2, 2) は孤立解$$
$$(2, b, b)\,(b \geq 3) はスタート解$$

$(1, 1, 2)$ は、$1 \times 2 - 1 = 1 \leq 2$ から子はいません。

$(2, 2, 2)$ も、$2 \times 2 - 2 = 2 \leq 2$ から子はいません。

$(2, b, b)$ は、$2 \times b - b = b \leq b$ から子の兄の方はいません。でも弟の方はいます。弟は $b \times b - 2 = b^2 - 2$ から $(b, b, b^2 - 2)$ です。$b^2 - 2 > b$ は、このすぐ後に確認します。

$$(2, b, b) \xrightarrow{\text{②}} (b, b, b^2 - 2) \xrightarrow{\text{①②}} (b, b^2 - 2, b^3 - 3b)$$

それでは、上記の解の数の並びを確認しましょう。

26 $b \geq 3$ のとき、次を示せ。
(1) $b^2 - 2 > b$ (2) $b^3 - 3b > b^2 - 2$

(1) $(b^2 - 2) - b = b^2 - b - 2 = (b + 1)(b - 2) > 0$ （$b \geq 3$ より）
(2) $(b^3 - 3b) - (b^2 - 2) = b^3 - b^2 - 3b + 2$
$\qquad\qquad\qquad\qquad = (b - 2)\{b^2 + (b - 1)\} > 0$ （$b \geq 3$ より）

◆ 4 マルコフ解での未解決問題

次の 図2-1 は、これまでの結果を図示したものです。

(3, 7, 18) 等の後の「兄の①」「弟の②」の存在や、4マルコフ解はこれで全部かどうかについては後に回します。

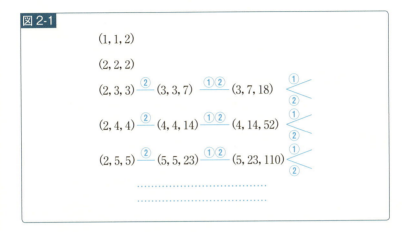

図 2-1

次の 図2-2 は、図2-1 の3行目の「スタート解 (2, 3, 3) から始まる部分」を取り出したものです。

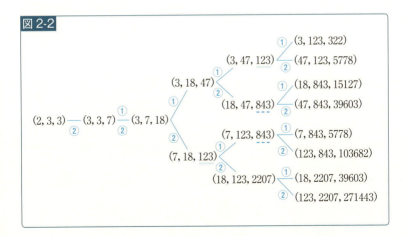

図 2-2

図2-2 を見ると、マルコフ解での未解決問題に相当する問題は、4マルコフ解では即解決ですね。

たとえば $c=123$ では、$(7,18,123)$、$(3,47,123)$ が見つかります。$c=843$ では、$(18,47,843)$、$(7,123,843)$ の他に、図2-2 の右上 $(3,123,322)$ に続く $(3,322,843)$ も見つかるのです。

次の 図2-3 は、図2-1 の4行目の「スタート解 $(2,4,4)$ から始まる部分」を取り出したものです。

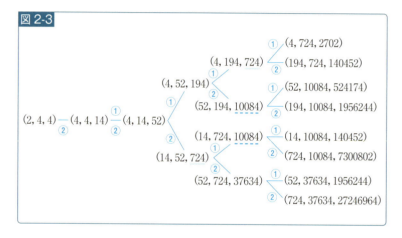

図2-3

この 図2-3 でも c が等しい解を見つけてみましょう。すると面白いことに気づきますね。図2-2 と 図2-3 を重ね合わせたとき、なぜかピッタリ重なる所に c が等しい解があるのです。

$c=724$ では、$(14,52,724)$、$(4,194,724)$ が見つかります。$c=10084$ では、$(52,194,10084)$、$(14,724,10084)$ の他に、図2-3 の右上 $(4,724,2702)$ に続く $(4,2702,10084)$ も見つかるのです。

これを偶然で済ませてよいのでしょうか。後で検討しましょう。

◆「$a=b$ または $b=c$」の解

「$a=b$ または $b=c$」である4マルコフ解を求めておきましょう。

27 次をみたす4マルコフ解 (a,b,c) $(1\leq a\leq b\leq c)$ を求めよ。
(1) $a=b$　　(2) $b=c$

(1) $x=b$、$y=b$ を p64 (2-2) に代入します。

$$b^2+b^2+z^2=b^2z+4$$
$$z^2-b^2z+2b^2-4=0$$
$$z^2-b^2z+2(b^2-2)=0$$
$$\{z-2\}\{z-(b^2-2)\}=0$$
$$z=2、b^2-2$$

$z=2$ の $(b,b,2)$ $(b\leq 2)$ は、p66 の $(1,1,2)$、$(2,2,2)$ です。

$z=b^2-2$ の (b,b,b^2-2) は、$b\leq c$ から $b\leq b^2-2$ となって、$0\leq (b+1)(b-2)$ から $2\leq b$ です。(b,b,b^2-2) $(b\geq 2)$ には $(2,2,2)$ も含まれています。

以上から、$(1,1,2)$ または (b,b,b^2-2) $(b\geq 2)$ です。

(2) $y=b$、$z=b$ とすると、(1)と同様に「$x=2$、b^2-2」です。

$x=2$ のときは、p66 の $(2,b,b)$ $(2\leq b)$ です。

$x=b^2-2$ の (b^2-2,b,b) は、$a\leq b$ から $b^2-2\leq b$、$(b+1)(b-2)\leq 0$ となり、$b\leq 2$ です。また $a\geq 1$ から $b^2-2\geq 1$ となり $b^2\geq 3$ です。$b\leq 2$ かつ $b^2\geq 3$ となると $b=2$ ですが、$(b^2-2,b,b)=(2,2,2)$ は $(2,b,b)$ $(2\leq b)$ に含まれています。

以上から、$(2,b,b)$ $(b\geq 2)$ です。

4マルコフ解 (a, b, c) $(1 \leq a \leq b \leq c)$

$a = b = c$ ⇔ $(2, 2, 2)$

$a = b \ (b \neq c)$ ⇔ $(1, 1, 2)$、$(b, b, b^2 - 2)$ $(b \geq 3)$

$b = c \ (a \neq b)$ ⇔ $(2, b, b)$ $(b \geq 3)$

◆ 子に関する確認事項

それでは後回しにしていた問題です。

p71 図2-1 で、「兄の①」「弟の②」は本当に存在するのでしょうか。ちなみに「$a = b$ または $b = c$」のとき、つまり、$(1, 1, 2)$、$(2, 2, 2)$、$(2, b, b)$ $(b \geq 3)$、$(b, b, b^2 - 2)$ $(b \geq 3)$ の場合は、すでに確認しました。これらを図にしたのが 図2-1 です。

残されているのは「$a \neq b$ かつ $b \neq c$」つまり「a、b、c が異なる」場合です。p67 で見たように、このときは「$3 \leq a$」、つまり「$3 \leq a < b < c$」です。

> **28** 4マルコフ解 (a, b, c) $(3 \leq a < b < c)$ において、次を示せ。
> (1) $ac - b > c$ (2) $bc - a > c$

まず、$3 \leq a < b < c$ から $-3 \geq -a > -b > -c$

$bc - a > ac - b > ac - c \geq 3c - c = 2c > c$

これで(1)(2)の両方が示されました。「a、b、c が異なる」ときは子の兄弟がいるのです。図2-1 において、$(3, 7, 18)$ 等に子の兄弟がいることが確認できました。

このから、マルコフ解のときと同様に次のことが分かります。

「親 (a, b, c) の a, b, c が異なる」

⬇

「子 (a', b', c') の a', b', c' が異なる」

p71 図 2-1 で、(b, b^2-2, b^3-3b) $(b \geq 3)$ から先、つまり $(3, 7, 18)$、$(4, 14, 52)$、$(5, 23, 110)$……から先の (a, b, c) は、ずっと a、b、c が異なってくるのです。

7 4マルコフ解の家系図

まずはゴールを定め、それに向かって進むのさ！

◆親に関する確認事項

4マルコフ解 (a, b, c) の親ですが、「$a = b$ または $b = c$」のときはすでに分かっています。$(1, 1, 2)$、$(2, 2, 2)$ に親はなく、$(b, b, b^2 - 2)$ $(b \geq 3)$ の親は $(2, b, b)$ で、その $(2, b, b)$ $(b \geq 3)$ には親がいません。無数にある $(2, b, b)$ $(b \geq 3)$ は、どれもスタート解です。残されているのは「a、b、c が異なる」場合です。

まずは、後回しにしていた問題です。

29 4マルコフ解 (a, b, c) で「a、b、c が異なる」とき、次を示せ。

$$3 \leq ab - c < b$$

「a、b、c が異なる」ときは、p67 で見たように「$a \geq 3$」つまり「$3 \leq a < b < c$」です。以下 p22 **7** とほぼ同様です。

p68 (2-4) の z を x に置きかえ、$f(x) = x^2 - abx + a^2 + b^2 - 4$ と置きます。

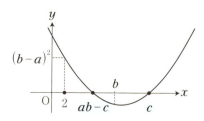

問題は $f(b)$ ですが、以下のように $f(b)<0$ が確かめられます。

$$f(b) = b^2 - ab^2 + a^2 + b^2 - 4$$
$$< 3b^2 - ab^2 - 4 \quad (a < b \text{ より})$$
$$= b^2(3-a) - 4 < 0 \quad (3 \leq a \text{ より})$$

$x = ab - c$ は「$2 < ab - c < b$」(b より小)つまり「$3 \leq ab - c < b$」となっています。

◆4マルコフ解の親子の「a、c」

まず「$a \neq 1$ かつ $b \neq c$」のとき、4マルコフ解 (a, b, c) に親がいることを確認します。親の条件には「$0 < ab - c \leq b$」と、「$c \neq ab - c$」と同等な「$(a, b, c) \neq (2, b, b)$ ($b \geq 2$)」がありました。でも「$b \neq c$」のとき、$(a, b, c) \neq (2, b, b)$ の方は明らかです。

> **30**
> 4マルコフ解 (a, b, c) が「$a \neq 1$ かつ $b \neq c$」のとき、次を示せ。
> $$2 \leq ab - c < b$$

「$a \neq b$」と「$a = b$」の場合に分けて見ていきましょう。

まず「$a \neq b$」のときは、「$b \neq c$」から「a、b、c が異なり」、p76 29 から「$3 \leq ab - c < b$」なので「$2 \leq ab - c < b$」です。

次に「$a = b$」($a \neq 1$、$b \neq c$) のときですが、p74 から、このときの4マルコフ解は $(b, b, b^2 - 2)$ ($b \geq 3$) です。この $(a, b, c) = (b, b, b^2 - 2)$ ($b \geq 3$) では $ab - c = b \times b - (b^2 - 2) = 2$ となり、「$2 \leq ab - c (= 2) < b$」となっています。

30から、次のことが分かります。

> 4マルコフ解 (a, b, c) が「$a \neq 1$ かつ $b \neq c$」のとき、
> 「$a' \neq 1$」、「$c' < c$」となっている親 (a', b', c') が存在する

「$a \neq 1$ かつ $b \neq c$」のときはp77から親がいて、親 (a', b', c') は「$(ab-c, a, b)$ または $(a, ab-c, b)$」です。

親 $(a', b', c') = (ab-c, a, b)$ のときは、30から $a' = ab-c \geq 2$、つまり「$a' \neq 1$」です。親 $(a', b', c') = (a, ab-c, b)$ のときは、$a' = a\ (\neq 1)$ から「$a' \neq 1$」です。

いずれの場合も $c' = b$ で、$b \neq c$ から $b < c$、つまり「$c' < c$」となっています。

◆4マルコフ解の家系図

4マルコフ解はp71 図2-1 で全部でしょうか。

このことを確かめるため、今回も親をたどっていくことにしましょう。ただし今回のゴールは1つではありません。図2-1 を見て分かるように、孤立解以外は $(2, b, b)$ $(b \geq 3)$ のどれかがゴールとなる予定です。

> **31** 4マルコフ解 (a, b, c) $(1 \leq a \leq b \leq c)$ は、図2-1 の中に存在することを示せ。

「$a = 1$」ならp66 23から $(a, b, c) = (1, 1, 2)$ ですが、これはすでに 図2-1 の中に存在します。

「$b=c$」なら p74 から $(a,b,c)=(2,b,b)$ $(b≧2)$ ですが、これもすでに 図2-1 の中に存在します。

そこで今後は「$a≠1$ かつ $b≠c$」とします。このとき解 (a,b,c) には「$a'≠1$」、「$c'<c$」である親 (a',b',c') が存在します。

(a',b',c') が「$b'=c'$」ならば、(a',b',c') は $(2,b,b)$ $(b≧3)$ です。ゴールの $(2,b,b)$ $(b≧3)$ に無事たどり着きました。

(a',b',c') が「$b'≠c'$」ならば、「$a'≠1$ かつ $b'≠c'$」であることから、さらに (a',b',c') の親を見ていきます。

こうして次々に親をたどっていくのですが、これがいつまでも続くはずはありません。c より小さい正の整数 c' には限りがあるのです。いずれは「$b'=c'$」となり、(a',b',c') はゴールの $(2,b,b)$ $(b≧3)$ となります。

無事にゴールの $(2,b,b)$ $(b≧3)$ にたどり着きました。じつは今回の親子の関係も可逆です。どの段階でも逆に兄弟として、(a',b',c') から元の (a,b,c) が出てくるのです。このことは 図2-1 の中の「$(2,b,b)$ からスタートして兄弟で増えていく部分」に、最初の解 (a,b,c) が存在するということです。

4マルコフ解の家系図は 図2-1

8

4 マルコフ解と数列

特別な「多項式」が出た段階で、まずは注目だね！

◆数列（2-3）（2-4）

次の数列(2-3)は、$(2, 3, 3)$の孫$(3, 7, 18)$からスタートして、兄ばかりたどった(x, y, z)のzから出てくる数列です。（p71 参照）

数列(2-3)

(3)　7　18　47　123　322　843　2207　5778　…

最初の(3)は目印で、「b　c」の次は「$3c - b$」です。

> 「b　c　$3c - b$」
>
> 親$(3, b, c)$　　　兄$(3, c, 3c - b)$

数列(2-3)でも、比の値を見てみましょう。

$$\frac{18}{7} = 2.571428571\cdots\cdots$$

$$\frac{47}{18} = 2.611111111\cdots\cdots$$

$$\frac{123}{47} = 2.617021277\cdots\cdots$$

$$\frac{322}{123} = 2.617886179\cdots\cdots$$

何だか見覚えのある数になってきましたね。じつはマルコフ数の数列(1-1)と同じ$x = \dfrac{3 + \sqrt{5}}{2}$（「黄金数$\dfrac{1 + \sqrt{5}}{2}$の2乗」）に近づ

いていくのです。

$$x = 3 - \cfrac{1}{3 - \cfrac{1}{3 - \cfrac{1}{3 - \cdots\cdots}}}$$

マルコフ数では、親 $(1, b, c)$ から出てくる兄は $(1, c, 3c - b)$ でした。「$b\ \ c$」の次の数が、数列(2-3)と同じ「$3c - b$」で出てきたのです。このため同じ値に近づいていくのです。

マルコフ数の数列(1-1)では「3から$\frac{1}{2}$を引く」ことから始めました。4マルコフ数の数列(2-3)では「3から$\frac{3}{7}$を引く」ことから始めます。分母の「7」は数列(2-3)初項で、分子の「3」は目印の (3) です。

$$3 - \frac{3}{7} = \frac{18}{7}$$

$$3 - \cfrac{1}{\boxed{3 - \cfrac{3}{7}}} = 3 - \cfrac{1}{\boxed{\cfrac{18}{7}}} = 3 - \frac{7}{18} = \frac{3 \cdot 18 - 7}{18} = \frac{47}{18}$$

$$3 - \cfrac{1}{\boxed{3 - \cfrac{1}{3 - \cfrac{3}{7}}}} = 3 - \cfrac{1}{\boxed{\cfrac{47}{18}}} = 3 - \frac{18}{47} = \frac{3 \cdot 47 - 18}{47} = \frac{123}{47}$$

次の数列(2-4)は、$(2, 4, 4)$ の孫 $(4, 14, 52)$ からスタートして、兄ばかりたどった (x, y, z) の z から出てくる数列です。(p72参照)

81

数列(2-4)

(4)　14　52　194　724　2702　10084　37634　…

32 数列(2-4)の比の値は、(近づくとしたら)何に近づくか。

数列(2-4)の(4)は目印で、「b　c」の次の数は「$4c-b$」です。親$(4, b, c)$から出てくる兄は$(4, c, 4c-b)$だからです。このため、次の方程式を解くことになります。

$$x = 4 - \frac{1}{x}$$

$x^2 - 4x + 1 = 0$

$x > 1$ より $x = 2 + \sqrt{3}$ ($= 3.732050807\cdots\cdots$)

数列(2-4)の比の値は、(近づくとしたら)$2+\sqrt{3}$に近づきます。

◆一般化した数列(2-a)

次の「**数列(2-a)**」は、数列(2-3)、数列(2-4)を一般化したものです。

数列(2-a)

(a)　a^2-2　a^3-3a　a^4-4a^2+2　a^5-5a^3+5a　…

これまで$(2, b, b)$ $(b \geqq 3)$としてきましたが、今後は$(2, a, a)$ $(a \geqq 3)$とします。bをaに置きかえただけです。

数列(2-a)は、$(2, a, a)$の孫(a, a^2-2, a^3-3a) $(a \geqq 3)$からス

タートして、兄ばかりたどった (x, y, z) の z から出る数列です。

$$(2, a, a) \underset{②}{} (a, a, a^2-2) \underset{②}{\overset{①}{}} (a, a^2-2, a^3-3a) \underset{②}{\overset{①}{}}$$

(a) は目印で、「b c」の次は「$ac-b$」です。親 (a, b, c) から出てくる兄は $(a, c, ac-b)$ だからです。この数列の比の値が（近づくとしたら）何に近づくかも、すぐに分かります。

$$x = a - \frac{1}{x}$$

$x^2 - ax + 1 = 0$

$x > 1$ より $x = \dfrac{a + \sqrt{a^2-4}}{2}$

ここで、さらに a を k $(k \geq 3)$ に置きかえます。次の「数列(2-k)」は、数列(2-a) の a を k に置きかえたものとします。

数列(2-k)

(k) ……… a b c ………

問題は、数列(2-k) において「… $\dfrac{b}{a}$ $\dfrac{c}{b}$ …」が収束するか（ある値に近づいていくか）どうかです。

じつは今回の場合も「有界な単調増加数列」となっているのです。「有界」であることは、$\dfrac{c}{b} = \dfrac{kb-a}{b} = k - \dfrac{a}{b} < k$ から分かります。常に k より小さいのです。

83

問題は、「単調増加」になっているかどうかです。

> **33** 数列$(2-k)$ $(k≧3)$ で順に並んだ数を「a　b　c」としたとき、次を示せ。
> $$\frac{c}{b} - \frac{b}{a} = \frac{k^2-4}{ba}$$

p37 **13** とほぼ同様です。

$\dfrac{c}{b} - \dfrac{b}{a} = \dfrac{ac-b^2}{ba}$ の中の「ac」ですが、(k, a, b)、(k, b, c) から $y=k$、$z=b$ と置くと、$x^2 - kbx + k^2 + b^2 - 4 = 0$ です。この「解と係数の関係」から $ac = k^2 + b^2 - 4$ です。これを「ac」に代入するだけです。

$\dfrac{c}{b} - \dfrac{b}{a} = \dfrac{k^2-4}{ba}$ となり、$k≧3$ より $\dfrac{k^2-4}{ba} > 0$ です。つまり $\dfrac{c}{b} - \dfrac{b}{a} > 0$ となり、単調増加となっているのです。

2章 ◆ 4マルコフ解と5マルコフ解

9

cが同一の4マルコフ解

気にとめず見過ごしていると、チャンスを逃すかも……

◆ $(2, a, a)$ からスタートした「c」

4マルコフ解の家系図には、とても不思議なことがありましたね。「$(2, 3, 3)$ からスタートした部分」のp71 図2-2 と、「$(2, 4, 4)$ からスタートした部分」のp72 図2-3 を比べると、なぜか図の重なり合う所に「c が等しい解」が見つかったのです。

まずは $(2, 3, 3)$ や $(2, 4, 4)$ を一般化して、$(2, a, a)$ $(a \geq 3)$ としましょう。次の 34 図2-4 は3列目からのものです。

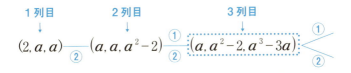

34 解 (A)(B)(C)(D)(E)(F) を $(\Box, \Box, c)$ とするとき、c を求めよ。

図2-4

3列目
(a, a^2-2, a^3-3a)

(a, a^3-3a, a^4-4a^2+2)

(A) (B) (C) (D) (E) (F)

85

(A)は、(a, a^2-2, a^3-3a) の子の弟の方です。
$$c = (a^2-2)(a^3-3a) - a = a^5 - 5a^3 + 5a$$

(B)は、(a, a^3-3a, a^4-4a^2+2) の子の兄の方です。
$$c = a(a^4-4a^2+2) - (a^3-3a) = a^5 - 5a^3 + 5a$$

以下同様に計算していきます。
(C)　$c = a^7 - 7a^5 + 14a^3 - 7a$
(D)　$c = a^7 - 7a^5 + 14a^3 - 7a$
(E)　$c = a^6 - 6a^4 + 9a^2 - 2$
(F)　$c = a^7 - 7a^5 + 14a^3 - 7a$

これで(A)(B)の c や、(C)(D)(F)の c が等しいことは確認できました。$(2, 3, 3)$ や $(2, 4, 4)$ に限らず、どの $(2, a, a)$ $(a \geq 3)$ からスタートしても、c が等しい解が図の重なり合う所に見つかるのです。

◆ c が同じ式になる所

計算したら「そこでは c が同じ式になった」では釈然としませんね。そもそも同じ式になる所はどこなのでしょうか。

まずは具体例で探ってみましょう。

次の 図 2-5 は、p71 図 2-2 の (a, b, c) を「c」だけに置きかえたものです。ただし「1 列目」$(2, 3, 3)$ の「①3」からではなく、「3 列目」$(3, 7, 18)$ の「③18」からとしています。

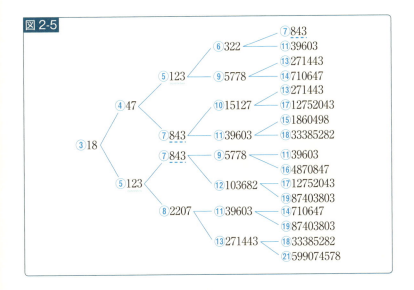

図 2-5

「①3」「③18」等の○は、数列(2-3) の第何項かを記したものです。(p80 参照)

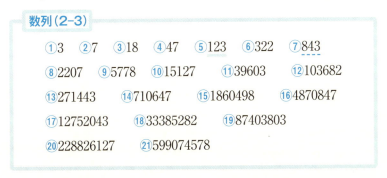

数列(2-3)

①3 ②7 ③18 ④47 ⑤123 ⑥322 ⑦843
⑧2207 ⑨5778 ⑩15127 ⑪39603 ⑫103682
⑬271443 ⑭710647 ⑮1860498 ⑯4870847
⑰12752043 ⑱33385282 ⑲87403803
⑳228826127 ㉑599074578

これまでは「3」は目印とし、第1項(初項)はその次の「7」としてきました。ここからは図の「何列目」と数列の「第何項」を合わせるため、「1列目」(2,3,3)に合わせて目印の(3)を「第1

項」の「①」とします。

図2-5の各列の一番上が、数列(2-3)の各項であることは定義そのものです。不思議なのは、なぜかそれ以外の(a, b, c)の「c」も、みごとに「数列(2-3)の数」ばかりが出てくることです。

問題は、(a, b, c)の「cが等しい所」はどこか、ということでした。$(2, a, a)$ $(a≧3)$からスタートしたとき、そこでは「cが同じ式」で表されることを、p85 34で(一部)確認したのです。

次の図2-6はaの「次数」に着目し、「(a, a^2-2, a^3-3a)」を「$1+2=③$」に置きかえ、親が「$\ell+m=n$」ならば、兄を「$\ell+n=△$」、弟を「$m+n=□$」としていったものです。3次式a^3-3aは、1次式aと2次式a^2-2の積から1次式aを引いたものですが、1次式を引いても次数には影響しません。(p85参照)

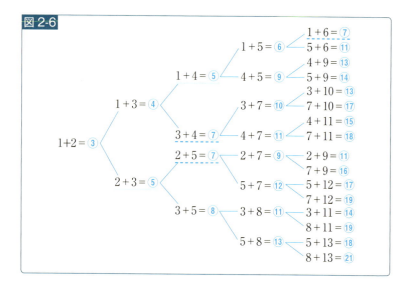

図2-6

図2-6 も、「1」列目 $(2, a, a)$ の「$0+1=$ ①」からではなく、「3」列目 (a, a^2-2, a^3-3a) の「$1+2=$ ③」からとしています。

なぜ「$1+2=3$」ではなく「$1+2=$ ③」としたかは、図2-5 と図2-6 を見比べれば歴然ですね。図2-6 の「$1+2=$ ③」の③は、「次数が 3」ということです。図2-5 の「③ 18」の③は、数列 (1-3) の「第 3 項」ということです。これが一致しているのが一目瞭然なのです。

同じ式なら、もちろん次数は等しいです。でもこの逆も成り立つと考えるのは、あまりにも無謀です。それはまるで、身長が等しいというだけで同一人物と判断するようなものです。ところが今回の場合は（特別な集団のため）、じつはそうなっているのです。

今のところ a の式の次数が等しければ、その式に $a=3$ を代入した値が（ここで見た限りでは）一致しているというだけの話です。数列 (2-3) は、$(2, a, a)$ で $a=3$ とした $(2, 3, 3)$ からスタートして出てきた数列です。$a=3$ を代入した値が一致したからといって、a の式そのものが一致するかどうかは定かではありません。

◆多項式$\|n\|$

これから、(a, a^2-2, a^3-3a) $(a \geq 3)$ からスタートした p85 図2-4（の続き）の $(\square, \square, c)$ の c は、「c の次数が等しければ同じ式である」ことを見ていきましょう。

まず p82 数列 (2-a) の第 n 項を、**多項式$\|n\|$** とします。ここでも、目印の (a) を第 1 項とします。

第1項の$\|1\|=a$は1次式です。第n項の$\|n\|$は、その求め方からn次式となります。

数列(2-a)

① a　　② a^2-2　　③ a^3-3a　　④ a^4-4a^2+2
⑤ a^5-5a^3+5a　　⑥ $a^6-6a^4+9a^2-2$
⑦ $a^7-7a^5+14a^3-7a$　　……

$\|1\|=a$、$\|2\|=a^2-2$、$\|3\|=a^3-3a$で、(a, a^2-2, a^3-3a) $=(\|1\|, \|2\|, \|3\|)$です。$(2, a, a)=(\|0\|, \|1\|, \|1\|)$としたいので、数列に第 0 項はありませんが、$\|0\|=2$（0次式）とします。

数列(2-a)の第 n 項$\|n\|$は、親$(\|1\|, \|n-2\|, \|n-1\|)$から兄$(\|1\|, \|n-1\|, \|n\|)$を出す規則$\|n\|=\|1\|\cdot\|n-1\|-\|n-2\|$で出てきます。

$$\|0\|=2$$
$$\|1\|=a$$
$$\|2\|=a^2-2$$
$$\|n\|=\|n-1\|\cdot\|1\|-\|n-2\|\ (n\geq 3)$$

p85 **図 2-4** は、次の **図 2-7** となってきます。

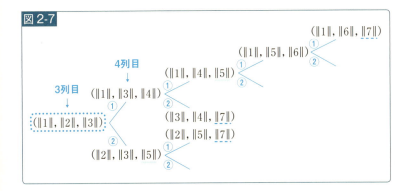

図 2-7

◆図 2-7 に現れる解

たして 4 なら 1+3=4 の他に 2+2=4 もあり、(∥1∥, ∥3∥, ∥4∥) の他に (∥2∥, ∥2∥, ∥4∥) もありえます。(□, □, ∥6∥) なら、(∥1∥, ∥5∥, ∥6∥) の他に (∥2∥, ∥4∥, ∥6∥) や (∥3∥, ∥3∥, ∥6∥) もありうるのです。では、これらは 図 2-7 の中に現れてくるのでしょうか。

> **35** 図 2-6 の $\ell + m = n$ について、ℓ と m は「互いに素」であることを示せ。

ℓ と m が「互いに素」とは、「ℓ、m」の最大公約数が 1 のことです。つまり ℓ と m の共通の正の約数は 1 だけです。

さて、最大公約数は「ユークリッドの互除法」で求まります。このユークリッドの互除法は、長方形を同じ正方形で敷き詰める際の、「一番大きな正方形の 1 辺の長さ」の求め方です。

たとえば、「5、13」の最大公約数を求めたいとしましょう。

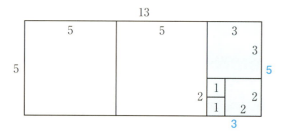

そんな「正方形の一辺の長さのシール」を辺に貼っていくと、「5」も「13」もピッタリ貼れるからには、「13」から「5」を2つ除いた「3」もピッタリ貼れます。つまりその正方形で「5、3」の長方形が敷き詰められるのです。

こうして順に「5、3」の長方形、「2、3」の長方形、「2、1」の長方形も敷き詰められることになります。ところが「2、1」の長方形を敷き詰める正方形は、1辺が「1」の正方形だけです。

このようにして、縦横「5、13」の長方形を敷き詰める一番大きな正方形は、1辺が「1」と求まっていくのです。「5、13」の最大公約数は「1」というわけです。

それでは、改めて問題を見てみましょう。

次の 図2-8 は、p88 図2-6 の「$\ell + m = n$」の箇所を、縦横「ℓ、m」の長方形に置きかえた（途中までの）ものです。「ℓ、m」の最大公約数が1であることは、これらの長方形の作り方（正方形を追加して作っていくこと）から明らかですね。

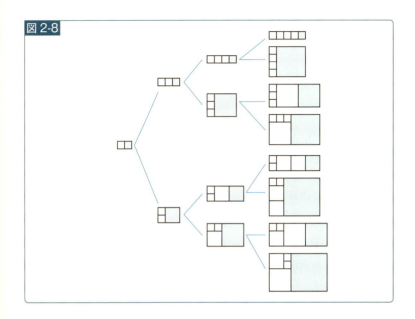

図 2-8

結局のところ、($\|2\|, \|2\|, \|4\|$)、($\|2\|, \|4\|, \|6\|$)、($\|3\|, \|3\|, \|6\|$)等は p91 図 2-7 に現れません。でも 図 2-7 の中にないからといって、これらを除くのは考えものです。証明に用いる数学的帰納法は、いわばドミノ倒しです。ドミノを下手に取り除くと、倒れなくなるおそれが出てくるのです。

◆兄弟を出す規則で出てくる「n 次式」

まずはドミノである多項式を用意しましょう。「兄弟を出す規則で出てくる n 次式」です。今後単に「n 次式」という場合は、以下の規則で出てくる n 次式のこととします。

まず 0 次式は $\|0\| = 2$、1 次式は $\|1\| = a$、2 次式は $\|2\| = a^2 -$

2、3次式は$\|3\|=a^3-3a$（だけ）とします。$n\geq 4$のとき、（今のところ何個あるか不明の）「n次式」を、$\|x\|\cdot\|y\|-\|y-x\|$（$x+y=n$、$1\leq x\leq y\leq n-1$）とします。

これから示すことは、「（何個あるか不明の）n次式は、どれも兄をたどって出る（たった1つの）$\|n\|$である」ことです。

36 4次式をすべて求めよ。

あくまでも、兄弟を出す規則で出てくる「4次式」です。

4次式なら「$x+y=4$」（$1\leq x\leq y\leq 3$）ですが、これには「$1+3=4$」と「$2+2=4$」の2通りしかありません。

まず「$1+3=4$」から出る4次式は、$\|1\|\cdot\|3\|-\|2\|$です。p91 図2-7 の中にある（$\|1\|,\|2\|,\|3\|$）の子の兄の方に現れる式です。これは$\|4\|$の定義$\|4\|=\|4-1\|\cdot\|1\|-\|4-2\|$そのもので、数列(2-$a$)の第4項$\|4\|=a^4-4a^2+2$です。

次に「$2+2=4$」から出る4次式は、$\|2\|\cdot\|2\|-\|0\|$です。図2-7 の中にない（$\|0\|,\|2\|,\|2\|$）の子の弟の方に現れる式です。

$$\|2\|\cdot\|2\|-\|0\| = (a^2-2)(a^2-2)-2$$
$$= a^4-4a^2+2 \quad (=\|4\|)$$

これで（兄弟を出す規則で出てくる）4次式は、どれも（たった1つの）$\|4\|=a^4-4a^2+2$であることが分かりました。

◆次数が等しければ同じ式

いよいよドミノ倒し（数学的帰納法）です。

今回のドミノ倒しは、4次式、5次式、6次式、……と次数が小さい順に倒していきます。n 次以下の式がすべて倒れたとき、$(n+1)$ 次式もすべて倒れるなら、次々に全部倒れていくのです。

示したいことは、n 次以下の式がすべて ∥次数∥ ならば、$(n+1)$ 次式もすべて ∥$n+1$∥ となることです。

次の 37 では、ℓ、m、n は正の整数で、$1 \leq \ell \leq m \leq n-1$ ($n \geq 3$) とします。また3次式までは、決められたものだけとします。ちなみに (2) の $2 \leq k \leq \dfrac{n-1}{2}$ は、$(k+1)+(n-k)=n+1$ としたとき「$k+1 \leq n-k$」からきたものです。$k=1$ の場合は、(1) として別に分けています。

37

$3 \leq \ell+m \leq n$ である ℓ、m について
$$\|m\| \cdot \|\ell\| - \|m-\ell\| = \|\ell+m\|$$
が成り立つとき、次の (1)(2) を示せ。

(1) $\|n-1\| \cdot \|2\| - \|n-3\| = \|n+1\|$

(2) $2 \leq k \leq \dfrac{n-1}{2}$ のとき
$$\|n-k\| \cdot \|k+1\| - \|n-2k-1\| = \|n+1\|$$

先ほど $n=3$ の場合は直接確認しました。

$3 \leq \ell+m \leq 3$ となるすべての場合というと「$\ell+m=3$」だけですが、さらに $1 \leq \ell \leq m \leq 2$ となると「$1+2=3$」しかありません。このとき $\|2\| \cdot \|1\| - \|1\| = \|3\|$ は定義そのものです。

(1) の $\|2\| \cdot \|2\| - \|0\| = \|4\|$ は、36 で示しました。

(2) の $2 \leq k \leq \dfrac{3-1}{2}$ となる k は、存在しません。

36では「1+3=4」か「2+2=4」でしたが、「1+3=4」の方は定義そのものなので、ここでは最初から証明すべきことに入れていません。また「2+2=4」の方は(1)としています。

前置きはこのくらいにして、まずは(1)を見てみましょう。

$\|n-1\| \cdot \|2\| - \|n-3\|$ 　　　　　　　($\|2\|=a^2-2$)

$= \|n-1\| \cdot (\|1\| \cdot \|1\| - \|0\|) - \|n-3\|$ 　($\|0\|=2, \|1\|=a$)

$= (\|n-1\| \cdot \|1\|) \cdot \|1\| - \|n-1\| \cdot \|0\| - \|n-3\|$

$= (\|n\| + \|n-2\|) \cdot \|1\| - 2 \cdot \|n-1\| - \|n-3\|$

　　　　　　　　　　　　　　($\|n-1\| \cdot \|1\| - \|n-2\| = \|n\|$)

$= (\|n\| \cdot \|1\| - \|n-1\|) + (\|n-2\| \cdot \|1\| - \|n-3\|)$

　　　　　　　　$- \|n-1\|$

$= \|n+1\| + \|n-1\| - \|n-1\|$

$= \|n+1\|$ 　　　$\begin{pmatrix} \|n\| \cdot \|1\| - \|n-1\| = \|n+1\| \\ \|n-2\| \cdot \|1\| - \|n-3\| = \|n-1\| \end{pmatrix}$

これで(1)が示されました。次は(2)です。

$\|n-k\| \cdot \|k+1\| - \|n-2k-1\|$

$= \|n-k\| \cdot (\|k\| \cdot \|1\| - \|k-1\|) - \|n-2k-1\|$

$= (\|n-k\| \cdot \|k\|) \cdot \|1\| - \|n-k\| \cdot \|k-1\| - \|n-2k-1\|$

$\begin{pmatrix} 仮定より、\|n-k\| \cdot \|k\| - \|n-2k\| = \|n\| \\ \|n-k\| \cdot \|k-1\| - \|n-2k+1\| = \|n-1\| \end{pmatrix}$

$= (\|n\| + \|n-2k\|) \cdot \|1\| - (\|n-1\| + \|n-2k+1\|)$

　　　　　　　　$- \|n-2k-1\|$

$$= \|n\| \cdot \|1\| + \|n-2k\| \cdot \|1\| - \|n-1\| - \|n-2k+1\|$$
$$- \|n-2k-1\|$$
$$= (\|n\| \cdot \|1\| - \|n-1\|) + (\|n-2k\| \cdot \|1\| - \|n-2k-1\|)$$
$$- \|n-2k+1\|$$
$$= \|n+1\| + \|n-2k+1\| - \|n-2k+1\|$$
$$\left(\begin{array}{c} \|n\| \cdot \|1\| - \|n-1\| = \|n+1\| \\ \|n-2k\| \cdot \|1\| - \|n-2k-1\| = \|n-2k+1\| \end{array} \right)$$
$$= \|n+1\|$$

37 はこれにて終了ですが、目的のためには $n(\geq 3)$ に関する数学的帰納法となるように体裁を整えることになります。$n=3$ の場合は前置きとして確認しています。

結論は、$(2, a, a)$ $(a \geq 3)$ からスタートした p85 図 2-4 では、c の「次数が等しければ同じ式」ということです。$m \geq 0$、$n \geq 0$ (m、n は整数)、| |は絶対値としてまとめておきましょう。

演算「*」を $\|m\| * \|n\| = \|m\| \cdot \|n\| - \||m-n|\|$ とすると、
$$\|m\| * \|n\| = \|m+n\|$$
(特に　$\|n\| * \|0\| = \|n\|$)

◆「n 次式」を表す式

ここでの「n 次式」、つまり $\|0\| = 2$、$\|1\| = a$、$\|2\| = a^2 - 2$、$\|3\| = a^3 - 3a$ の続きを出していきましょう。その「係数」は次のようになっています。

$\|0\| = 2$　　→　　　　　　　　　2

$\|1\| = a$　　→　　　　　　1　0

$\|2\| = a^2 - 2$　　→　　　1　0　−2

$\|3\| = a^3 - 3a$　　→　1　0　−3　0

38

$\|4\|$、$\|5\|$、$\|6\|$、$\|7\|$、$\|8\|$、$\|9\|$、$\|10\|$ を求めよ。

$\|4\| = \|3\| \cdot \|1\| - \|2\|$ ですが、係数だけを並べると、$\|3\|$ に $\|1\| = a$ をかけることで1桁ずれ（右端に0を追加）、それに $\|2\|$ の符号を逆にしたものを加えます。（0はそのまま）

```
    1   0   -3    0    (0)
+)          -1    0    2
─────────────────────────
    1   0   -4    0    2
```

$\|4\| = 1a^4 + 0a^3 - 4a^2 + 0a + 2 = a^4 - 4a^2 + 2$ です。

$\|5\| = \|4\| \cdot \|1\| - \|3\|$ も同様にして $\|5\| = a^5 - 5a^3 + 5a$ です。

```
    1   0   -4    0    2    (0)
+)          -1    0    3    0
──────────────────────────────
    1   0   -5    0    5    0
```

同様に $\|6\| = \|5\| \cdot \|1\| - \|4\| = a^6 - 6a^4 + 9a^2 - 2$ です。

```
    1   0   -5    0    5    0    (0)
+)          -1    0    4    0    -2
───────────────────────────────────
    1   0   -6    0    9    0    -2
```

2章 ◆ 4マルコフ解と5マルコフ解

これらの係数を並べたものが次の 図 2-9 です。それぞれ「[1つ右上] − [2つ上]」となっています。（ないときは0とします。）

図 2-9

									1	0
								1	0	−2
							1	0	−3	0
						1	0	−4	0	2
					1	0	−5	0	5	0
				1	0	−6	0	9	0	−2
			1	0	−7	0	14	0	−7	0
		1	0	−8	0	20	0	−16	0	2
	1	0	−9	0	27	0	−30	0	9	0
1	0	−10	0	35	0	−50	0	25	0	−2

$$\|4\| = a^4 - 4a^2 + 2$$
$$\|5\| = a^5 - 5a^3 + 5a$$
$$\|6\| = a^6 - 6a^4 + 9a^2 - 2$$
$$\|7\| = a^7 - 7a^5 + 14a^3 - 7a$$
$$\|8\| = a^8 - 8a^6 + 20a^4 - 16a^2 + 2$$
$$\|9\| = a^9 - 9a^7 + 27a^5 - 30a^3 + 9a$$
$$\|10\| = a^{10} - 10a^8 + 35a^6 - 50a^4 + 25a^2 - 2$$

一般の $\|n\|$ は次の通りです。ただし n が奇数のときは $a^1=a$ の項で終了し、n が偶数のときは $a^0=1$ の定数項で終了します。

$$\begin{aligned}\|n\| = & a^n - na^{n-2} \\ & + \frac{n(n-3)}{2\cdot 1}a^{n-4} \\ & - \frac{n(n-4)(n-5)}{3\cdot 2\cdot 1}a^{n-6} \\ & + \frac{n(n-5)(n-6)(n-7)}{4\cdot 3\cdot 2\cdot 1}a^{n-8} \\ & - \frac{n(n-6)(n-7)(n-8)(n-9)}{5\cdot 4\cdot 3\cdot 2\cdot 1}a^{n-10} \\ & + \cdots\cdots\cdots\cdots \\ & - \cdots\cdots\cdots\cdots\end{aligned}$$

　次の式は、これを「たし算Σ」と「かけ算Π」の記号を用いて表したものです。[ ]は「**ガウス記号**」で、小数点以下を切り捨てた整数です。ここでは $n\geq 1$ としますが、$n=0$ では $\|0\|=2$ です。

$$\|n\| = a^n - na^{n-2} + \sum_{k=2}^{\left[\frac{n}{2}\right]}\left\{\frac{(-1)^k n}{k!}\prod_{i=1}^{k-1}(n-k-i)\right\}a^{n-2k}$$

39 上の式を証明せよ。

　数学的帰納法を用いて示します。$n=1$、2 では成り立っているので、$n-1$ 以下では成り立っているとして、n でも成り立つこ

2章 ◆ 4マルコフ解と5マルコフ解

とを確認します。

$$\|n\| = \|n-1\| \cdot \|1\| - \|n-2\| \qquad (\|1\| = a)$$

$$= a\left(a^{n-1} - (n-1)a^{n-3} + \sum_{k=2}^{\left[\frac{n-1}{2}\right]} \left\{\frac{(-1)^k(n-1)}{k!} \prod_{i=1}^{k-1}(n-1-k-i)\right\} a^{n-1-2k}\right)$$

$$- \left(a^{n-2} - (n-2)a^{n-4} + \sum_{h=2}^{\left[\frac{n-2}{2}\right]} \left\{\frac{(-1)^h(n-2)}{h!} \prod_{j=1}^{h-1}(n-2-h-j)\right\} a^{n-2-2h}\right)$$

$$= a^n - (n-1)a^{n-2} + \sum_{k=2}^{\left[\frac{n-1}{2}\right]} \left\{\frac{(-1)^k(n-1)}{k!} \prod_{i=1}^{k-1}(n-1-k-i)\right\} a^{n-2k}$$

$$- a^{n-2} + (n-2)a^{n-4} + \sum_{h=2}^{\left[\frac{n-2}{2}\right]} \left\{\frac{(-1)^{h+1}(n-2)}{h!} \prod_{j=1}^{h-1}(n-2-h-j)\right\} a^{n-2-2h}$$

$$= a^n - na^{n-2} + \sum_{k=2}^{\left[\frac{n-1}{2}\right]} \left\{\frac{(-1)^k(n-1)}{k!} \prod_{i=1}^{k-1}(n-1-k-i)\right\} a^{n-2k}$$
$$+ (n-2)a^{n-4} + \sum_{h=2}^{\left[\frac{n-2}{2}\right]} \left\{\frac{(-1)^{h+1}(n-2)}{h!} \prod_{j=1}^{h-1}(n-2-h-j)\right\} a^{n-2-2h}$$

まず上記 □ の囲みの中の「たし算 Σ」の $\left[\dfrac{n-1}{2}\right]$ と $\left[\dfrac{n-2}{2}\right]$、さらに目的とする $\left[\dfrac{n}{2}\right]$ を見ておきます。

以下は、$\left[\dfrac{n-1}{2}\right]$、$\left[\dfrac{n-2}{2}\right]$、$\left[\dfrac{n}{2}\right]$ の順です。

〔i〕**n が偶数のとき** は、$n=2m$ とおくと

$$\left[\dfrac{2m-1}{2}\right]=m-1、\left[\dfrac{2m-2}{2}\right]=m-1、\left[\dfrac{2m}{2}\right]=m$$

〔ii〕**n が奇数のとき** は、$n=2m+1$ とおくと

$$\left[\dfrac{2m}{2}\right]=m、\left[\dfrac{2m-1}{2}\right]=m-1、\left[\dfrac{2m+1}{2}\right]=m$$

それでは同類項をまとめていきましょう。

まずは a^{n-4} の係数を求めます。「上の Σ」の第 1 項である $k=2$ とした a^{n-4} の項と、「下の Σ」からはみ出ている $(n-2)a^{n-4}$ をまとめるのです。

$$\dfrac{(-1)^2(n-1)}{2!}\prod_{i=1}^{1}(n-1-2-i)+(n-2)$$
$$=\dfrac{(n-1)}{2}(n-1-2-1)+(n-2)$$
$$=\dfrac{n(n-3)}{2}$$

これは、目的とする $\displaystyle\sum_{k=2}^{\left[\frac{n}{2}\right]}\left\{\dfrac{(-1)^k n}{k!}\prod_{i=1}^{k-1}(n-k-i)\right\}a^{n-2k}$ の $k=2$ とした a^{n-4} の係数 $\dfrac{(-1)^2 n}{2!}\displaystyle\prod_{i=1}^{1}(n-2-i)=\dfrac{n(n-3)}{2}$ です。

この先は、「上の Σ 」の第 2 項と「下の Σ 」の第 1 項というように、(1 つずれた) 同類項をまとめていきます。

それでは a^{n-2k} の係数を見てみましょう。$a^{n-2k} = a^{n-2-2h}$ の係数をまとめるのです。ここで $h = k-1$ です。

$$\frac{(-1)^k(n-1)}{k!}\prod_{i=1}^{k-1}(n-1-k-i)$$
$$+\frac{(-1)^{h+1}(n-2)}{h!}\prod_{j=1}^{h-1}(n-2-h-j)$$
$$=\frac{(-1)^k(n-1)}{k!}\prod_{i=1}^{k-1}(n-1-k-i)$$
$$+\frac{(-1)^k(n-2)}{(k-1)!}\prod_{j=1}^{k-2}(n-1-k-j)$$
$$=\frac{(-1)^k(n-1)}{k!}\prod_{i=1}^{k-1}(n-1-k-i)$$
$$+\frac{(-1)^k(n-2)\,k}{k\,(k-1)!\times(n-2k)}\prod_{j=1}^{k-1}(n-1-k-j)$$
$$=\frac{(-1)^k}{k!}\prod_{i=1}^{k-1}(n-k-(i+1))\times\left\{(n-1)+\frac{k(n-2)}{(n-2k)}\right\}$$
$$=\frac{(-1)^k}{k!}\prod_{j=2}^{k}(n-k-j)\times\frac{n(n-k-1)}{(n-2k)}$$
$$=\frac{(-1)^k n}{k!}\prod_{j=1}^{k-1}(n-k-j)$$

確かに成り立ちますね。でも、これで終了とはいきません。n が偶数のときは、「下のΣ」の最後の項が余ってくるのです。このとき $n=2m$ とおくと、$h=\left[\dfrac{2m-2}{2}\right]=m-1$ とした $a^{n-2-2h}=a^{2m-2-2(m-1)}=a^0=1$ の係数、つまり定数項は次のようになります。

$$\dfrac{(-1)^{h+1}(n-2)}{h!}\prod_{j=1}^{h-1}(n-2-h-j) \quad \begin{pmatrix} n=2m \\ h=m-1 \end{pmatrix}$$

$$=\dfrac{(-1)^m(2m-2)}{(m-1)!}\prod_{j=1}^{m-2}(2m-2-(m-1)-j)$$

$$=\dfrac{(-1)^m 2(m-1)}{(m-1)!}\prod_{j=1}^{m-2}(m-(j+1))$$

$$=\dfrac{(-1)^m \times 2}{(m-2)!}\prod_{i=2}^{m-1}(m-i)$$

$$=(-1)^m \times 2$$

これは目的とする $\displaystyle\sum_{k=2}^{\left[\frac{n}{2}\right]}\left\{\dfrac{(-1)^k n}{k!}\prod_{i=1}^{k-1}(n-k-i)\right\}a^{n-2k}$ の $k=\left[\dfrac{n}{2}\right]=m$ とした $a^{n-2k}=a^{2m-2m}=a^0=1$ の係数、つまり定数項であることが、以下の通り示されます。

$$\dfrac{(-1)^k n}{k!}\prod_{i=1}^{k-1}(n-k-i) \quad \begin{pmatrix} n=2m \\ k=m \end{pmatrix}$$

$$=\dfrac{(-1)^m 2m}{m!}\prod_{i=1}^{m-1}(2m-m-i)$$

$$= \frac{(-1)^m \times 2}{(m-1)!} \prod_{i=1}^{m-1}(m-i)$$
$$= (-1)^m \times 2$$

以上で、n でも目的とする式と一致することが分かりました。

4マルコフ方程式からは、$\|0\|=2$、$\|1\|=a$、$\|2\|=a^2-2$、$\|3\|=a^3-3a$、……という<u>多項式$\|n\|$</u>が出てきましたね。じつはこの多項式$\|n\|$から、とても興味深い多項式が出てくるのです。

(5章「19.不思議な多項式」参照)

10
5マルコフ方程式

ためしに「4」を「5」にしたら、どうなるかな？

◆5マルコフ方程式

4マルコフ方程式の「4」を、何か別の数にした方が面白いかも……と心配ですね。そこで次章では、「4」を一般の「k」にして見ていきましょう。

ここからは、k が「5」の場合を見ていきます。この節を飛ばして3章に進んでも、何らさしつかえありません。

$$x^2 + y^2 + z^2 = xyz + 5 \qquad \cdots (2\text{-}5)$$

方程式(2-5)を「5マルコフ方程式」、その解 (x, y, z) を「5マルコフ解」、解に現れる数を「5マルコフ数」と呼ぶことにします。ここでも x、y、z は正の整数で、$1 \leq x \leq y \leq z$ とします。このため $(0, 1, 2)$ は (2-5) の解にはちがいありませんが、5マルコフ解には入れません。

5マルコフ解 (a, b, c) でも、「a、c」が共通な解を「兄」、「b、c」が共通な解を「弟」、この兄弟を「子」とします。「親」は「a、b」が共通の解です。

$ac - b > c$、$bc - a > c$ のとき

$$\text{親}(\underline{a}, \underline{b}, \underline{c}) \begin{cases} \text{兄}(\underline{a}, \underline{c}, ac - b) \\ \text{弟}(\underline{b}, \underline{c}, bc - a) \end{cases}$$

もし5マルコフ解 (a, b, c) に親がいたら、親は「$(a, ab-c, b)$ または $(ab-c, a, b)$」です。

$$0 < ab-c \leq b,\ ab-c \neq c \text{ のとき}$$
$$\text{親}\ (\underline{a}, ab-c, \underline{b}) \text{ ―― 兄}\ (\underline{a}, \underline{b}, c)$$
$$\text{親}\ (ab-c, \underline{a}, \underline{b}) \text{ ―― 弟}\ (\underline{a}, \underline{b}, c)$$

◆5マルコフ解の家系図

40 5マルコフ解を5個見つけよ。

$(0, 1, 2)$ はゼロが入っているので、5マルコフ解とはみなしません。でも、(2-5) の解にはちがいないのです。

そこで $(0, 1, 2)$ と「1、2」つまり「b、c」が共通な解を見つけます。$bc - a = 1 \times 2 - 0 = 2$ から $(1, 2, 2)$ で、これは5マルコフ解です。

$(1, 2, 2)$ は $b = c$ なので、「a、b」が共通な親と「a、c」が共通な兄は一致します。これが先ほどの $(0, 1, 2)$ で、5マルコフ解とはみなしません。このため $(1, 2, 2)$ には、親も子の兄の方もいません。でも弟の方はいます。$(1, 2, 2)$ の子の弟の方は $2 \cdot 2 - 1 = 3$ から $(2, 2, 3)$ です。

$(2, 2, 3)$ は $a = b$ なので子の兄弟は同一で、$2 \cdot 3 - 2 = 4$ から $(2, 3, 4)$ です。これで a、b、c が異なる解が見つかりました。

$(2, 3, 4)$ の子の兄の方は $2 \cdot 4 - 3 = 5$ から $(2, 4, 5)$ です。弟の方は $3 \cdot 4 - 2 = 10$ から $(3, 4, 10)$ です。

これで5個になりました。(1, 2, 2)、(2, 2, 3)、(2, 3, 4)、(2, 4, 5)、(3, 4, 10)です。(p109 41参照)

次の 図2-10 は、上記の5個の解とその続きです。ここでも「①は兄」、「②は弟」です。(1, 2, 2)は親がいないスタート解です。

図 2-10

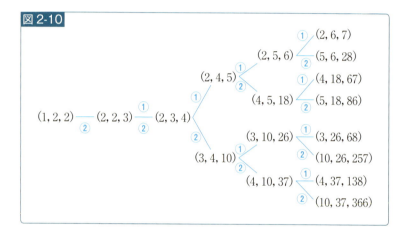

今のところ、他にもスタート解があるかどうかは不明です。孤立解についても調べていません。これらのことを単独で調べていくこともできますが、3章で一般的に見ていくので、省略することにしましょう。

結論は、スタート解は(1, 2, 2)だけで、孤立解もありません。4を5に変えただけの「5マルコフ解」の家系図は、「4マルコフ解」ではなく「マルコフ解」に似ているのです。

5マルコフ解の家系図は 図2-10

2章 ◆ 4マルコフ解と5マルコフ解

◆5マルコフ数

5マルコフ解の家系図を見ると、手頃な大きさの数で親しみがもてますね。でも解を見つけようと持ちかけるのは、今回も止めておいた方が賢明です。

> **41** 3列目の $(2,3,4)$ からスタートして、兄ばかりたどったときの n 列目の解 $(2,\Box,\Box)$ を求めよ。

じつは p107 **40** は、この $a=2$ の $(2,\Box,\Box)$ に着目すると簡単に出てきます。

$$2^2+b^2+c^2=2bc+5$$
$$b^2-2bc+c^2=1$$
$$(c-b)^2=1$$
$$c \geq b \text{ より} \quad c-b=1$$
$$c=b+1$$

$a=2$ の $(2,\Box,\Box)$ は $(2,b,b+1)$ $(2 \leq b)$ です。5個なら、$(2,2,3)$、$(2,3,4)$、$(2,4,5)$、$(2,5,6)$、$(2,6,7)$ です。これらの解は、**図2-10** の各列の一番上に並んでいます。

問題は、その一番上の n 列目の解、つまり兄ばかりたどったときの n 列目の解です。

まず $(2,b,b+1)$ の子の兄の方は、$2(b+1)-b=b+2$ から $(2,b+1,b+2)$ です。親が $y=b$ なら子は $y=b+1$ と1増えるのです。3列目が $(2,3,4)$ と $y=3$ なので、n 列目なら $(n-3)$ 増えて、$y=3+(n-3)=n$ の $(2,n,n+1)$ となります。n 列目の一番上の

解は $(2, n, n+1)$ です。

 41 から、5 マルコフ「数」は解決です。3 以上の整数は $(2, n, n+1)$（$n \geq 3$）に現れ、1 と 2 は $(1, 2, 2)$ に現れています。4 マルコフ数と同じく、5 マルコフ数もすべての正の整数なのです。

5 マルコフ数はすべての正の整数

「未解決問題」に相当する問題も、5 マルコフ解では即解決です。

 図 2-10 の 4 列目以降の中から、途中で弟を通過した解 (a, b, c) を適当に選びます。すると c が等しい解が、$(c-1)$ 列目の一番上に $(2, c-1, c)$ と見つかるのです。

コラム II 美しい等式 (1)

まずは、次の等式を見てみましょう。

> (1)　　$29^2-1=(2^2-1)(3^2-1)(6^2-1)$　　$(2\times3=6)$
>
> (2)　$131^2-1=(3^2-1)(4^2-1)(12^2-1)$　　$(3\times4=12)$
>
> (3)　$379^2-1=(4^2-1)(5^2-1)(20^2-1)$　　$(4\times5=20)$

では、次の□に当てはまる数は何でしょうか。

> $□^2-1=(5^2-1)(6^2-1)(30^2-1)$　　$(5\times6=30)$

これらのタネは $Z^2-1=(X^2-1)(Y^2-1)$ です。この 2 組の解 $\langle X,Y,Z\rangle$ を組み合わせているのです。(p192 **77**(1) 参照)

(1)　　$5^2-1=(2^2-1)(3^2-1)$、　$29^2-1=(5^2-1)(6^2-1)$

(2)　$11^2-1=(3^2-1)(4^2-1)$、$131^2-1=(11^2-1)(12^2-1)$

(3)　$19^2-1=(4^2-1)(5^2-1)$、$379^2-1=(19^2-1)(20^2-1)$

ここで組み合わせている 2 組の解は、以下の通りです。

(1)　$\langle 2,3,5\rangle$　　、　$\langle 5,6,29\rangle$

(2)　$\langle 3,4,11\rangle$　　、　$\langle 11,12,131\rangle$

(3)　$\langle 4,5,19\rangle$　　、　$\langle 19,20,379\rangle$

もう□の見当がついたかもしれませんね。でも順に見ていきましょう。

「$Z^2-1=(X^2-1)(Y^2-1)$」の解 $\langle n, n+1, Z\rangle$ の Z を求めます。このため、まずは対応する「$x^2+y^2+z^2=2xyz+2$」の解 $(n, n+1, z)$ $(n\geqq 2)$ の z を求めることにします。つまりは次の 2 次方程式を解きます。

$$n^2+(n+1)^2+z^2=2n(n+1)z+2$$
$$z^2-(2n^2+2n)z+(2n^2+2n-1)=0$$
$$\{z-(2n^2+2n-1)\}\{z-1\}=0$$

$z\geqq 2$ より $z=2n^2+2n-1$

$Z=z-xy$ より (p191 参照)、$Z=(2n^2+2n-1)-n(n+1)=n^2+n-1=n(n+1)-1$ です。

(1)(2)(3) では、

(1)　$29=5\times 6-1$

(2)　$131=11\times 12-1$

(3)　$379=19\times 20-1$

となっていて、「□ $=29\times 30-1=869$」と求まります。

3章
kマルコフ方程式

$$x^2 + y^2 + z^2 = xyz$$

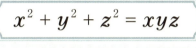

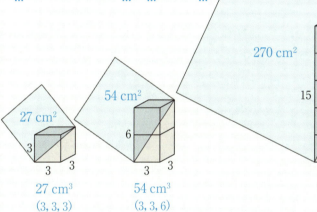

方程式が増えても、どれがいいのか迷ってしまうわ

柳の下にはドジョウが3匹 との俗言を参考にしては！
（注：格言は「柳の下にいつもドジョウはいない」）

11

2-1 マルコフ方程式

どこを掘るとお宝が埋まっているのかな？

◆本来のマルコフ方程式

まずは、次の方程式 (3-1) を見てみましょう。この方程式がドジョウの見つかった柳で、この節の後すぐに5章へ進むのもお勧めです。

$$x^2 + y^2 + z^2 = 2xyz + 1 \quad \cdots (3\text{-}1)$$

xyz の係数「2」と定数項「1」にちなみ、(3-1) を「2-1 マルコフ方程式」、その解 (x, y, z) を「2-1 マルコフ解」、解に現れる数を「2-1 マルコフ数」と呼ぶことにしましょう。ここでも x、y、z は正の整数で、$1 \leq x \leq y \leq z$ とします。

42 2-1 マルコフ解の家系図は、マルコフ解と4マルコフ解のどちらに似ているか。

何をもって似ていると判断するかはさておき、とりあえず (3-1) の両辺を4倍してみましょう。

$$4x^2 + 4y^2 + 4z^2 = 8xyz + 4$$
$$(2x)^2 + (2y)^2 + (2z)^2 = (2x)(2y)(2z) + 4$$

ここで、$2x$、$2y$、$2z$ を改めて x、y、z と置けば、4マルコフ方程式 $x^2 + y^2 + z^2 = xyz + 4$ です。

$x^2+y^2+z^2=2xyz+1$ の解 (a,b,c) があったら、これを2倍した $(2a,2b,2c)$ は $x^2+y^2+z^2=xyz+4$ の解です。逆に $x^2+y^2+z^2=xyz+4$ の解 (a,b,c) があったら、これを半分にした $\left(\dfrac{a}{2},\dfrac{b}{2},\dfrac{c}{2}\right)$ は $x^2+y^2+z^2=2xyz+1$ の解です。もちろん整数解とは限りません。でも気にすることはないですね。そうなったら……、捨て去ればよいだけです。

結局のところ、2-1マルコフ解の家系図は4マルコフ解に似てくるのです。具体的な家系図は後で見てみましょう。

42 から、(3-1) のような方程式は後回しにすればよいということです。$x^2+y^2+z^2=2xyz+2$ なら、まずは（両辺を4倍して置きかえた）$x^2+y^2+z^2=xyz+8$ です。$x^2+y^2+z^2=3xyz+1$ なら、まずは $x^2+y^2+z^2=xyz+9$ なのです。

そもそもマルコフ方程式「$x^2+y^2+z^2=3xyz$」の「3」には、違和感がありましたね。何としても $(1,1,1)$ を解としたいなら別として、本来なら「$x^2+y^2+z^2=xyz$」が先というものです。

$x^2+y^2+z^2=3xyz$ の解 (a,b,c) があったら、これを3倍した $(3a,3b,3c)$ は $x^2+y^2+z^2=xyz$ の解です。$a^2+b^2+c^2=3abc$ の両辺を9倍すると $(3a)^2+(3b)^2+(3c)^2=(3a)(3b)(3c)$ だからです。

注目すべきはここからです。$x^2+y^2+z^2=xyz$ の解 (a,b,c) があったら、$\left(\dfrac{a}{3},\dfrac{b}{3},\dfrac{c}{3}\right)$ は単に $x^2+y^2+z^2=3xyz$ の解というだけでなく、すべて整数解なのです。つまり $x^2+y^2+z^2=xyz$ の解

は、$(3, 3, 3)$、$(3, 3, 6)$、$(3, 6, 15)$、……と、x、y、z がどれも3の倍数なのです。

43
$x^2+y^2+z^2=xyz$ の整数解 (a, b, c) において、a、b、c はいずれも3の倍数であることを示せ。

3の倍数とは、「3で割った余り」が「0」の整数です。そこで、a、b、c を3で割った余りを見てみましょう。$a^2+b^2+c^2$ と abc が等しければ、これらを3で割った余りも同じです。

まずは a、b、c を3で割った余りを、同じく a、b、c とします。$a^2+b^2+c^2$ も abc も a、b、c の対称式なので、ここでは $1 \leq a \leq b \leq c$ ではなく、余りの大小で並べかえて $0 \leq a \leq b \leq c \leq 2$ とします。

表 3-1

a	b	c	$a^2+b^2+c^2$	abc
0	0	0	0	0
0	0	1	1	0
0	0	2	1	0
0	1	1	2	0
0	1	2	2	0
0	2	2	2	0
1	1	1	0	1
1	1	2	0	2
1	2	2	0	1
2	2	2	0	2

表3-1 を見ると、$a^2+b^2+c^2$ を3で割った余りと、abc を3で割った余りが等しいのは、a、b、c がいずれも3の倍数であるときに限ることが分かりますね。

「**本来のマルコフ解**」つまり「**本来のマルコフ方程式**」$x^2+y^2+z^2=xyz$ の解の家系図は、次の 図3-1 となります。

本来のマルコフ解の家系図は 図3-1

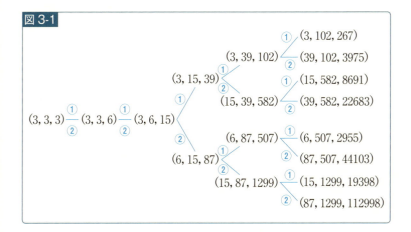

◆2-1 マルコフ解の家系図

2-1 マルコフ解の家系図は、次ページの 図3-2 となってきます。これは、p71 図2-1（4マルコフ解の家系図）の解を半分にして、整数解でないものを除いたものです。

2-1マルコフ解の家系図は 図3-2

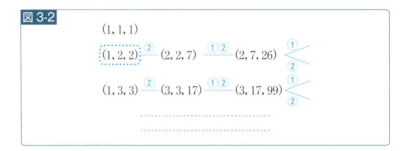

図3-2 2行目のスタート解 $(1, 2, 2)$ は、p71 図2-1 のスタート解 $(2, 4, 4)$ を半分にしたものです。次の 図3-3 はこの「$(1, 2, 2)$ からスタートした部分」で、p72 図2-3 の「$(2, 4, 4)$ からスタートした部分」の解を半分にしたものです。

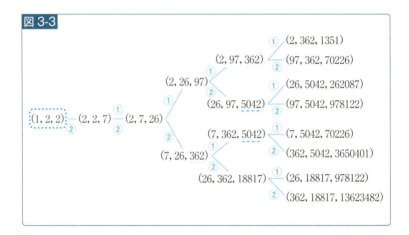

2-1マルコフ解は4マルコフ解を半分にしたものなので、その家系図は重なってきます。このため2-1マルコフ解で c が等しい解も、4マルコフ解と同じ所から見つかります。

3章 ◆ k マルコフ方程式

たとえば $c=362$ では、$(7, 26, 362)$、$(2, 97, 362)$ が見つかります。$c=5042$ では、$(26, 97, 5042)$、$(7, 362, 5042)$ の他に、図3-3の右上 $(2, 362, 1351)$ に続く $(2, 1351, 5042)$ も見つかるのです。

さて、4マルコフ数はすべての正の整数でしたね。これは2-1マルコフ数でも同様です。1 は $(1, 1, 1)$ に、$b \geqq 2$ はスタート解 $\left(\dfrac{2}{2}, \dfrac{2b}{2}, \dfrac{2b}{2}\right) = (1, b, b)$ に現れてきます。2-1マルコフ数も、すべての正の整数なのです。

2-1マルコフ数はすべての正の整数

◆Don B. Zagier の結果

p65でふれた Don B. Zagier（ザギエ）の結果を、双曲線関数（の逆関数）を用いない形で表すと、たとえば次のようになってきます。ここで、$(2, 2, 7)$、$(2, 7, 26)$ は 2-1マルコフ解 です。

$(2, 2, 7)$ → $\left(2 \pm \sqrt{2^2 - 1}\right)\left(2 \pm \sqrt{2^2 - 1}\right) = 7 \pm \sqrt{7^2 - 1}$

$(2, 7, 26)$ → $\left(2 \pm \sqrt{2^2 - 1}\right)\left(7 \pm \sqrt{7^2 - 1}\right) = 26 \pm \sqrt{26^2 - 1}$

c が同じ解から、次のような式も出てきます。これは $c = 362$ の $(7, 26, 362)$、$(2, 97, 362)$ を組み合わせたものです。

$$\left(7 \pm \sqrt{7^2 - 1}\right)\left(26 \pm \sqrt{26^2 - 1}\right) = \left(2 \pm \sqrt{2^2 - 1}\right)\left(97 \pm \sqrt{97^2 - 1}\right)$$

この双曲線関数（の逆関数）との関連性を発見できるかは別として、結果を確認するだけなら簡単です。

44 $x^2+y^2+z^2=2xyz+1$ $(1\leq x\leq y\leq z)$ のとき、次を示せ。
$$(x+\sqrt{x^2-1})(y+\sqrt{y^2-1})=z+\sqrt{z^2-1}$$

この両辺の逆数をとって有理化すれば、次の式になります。
$$(x-\sqrt{x^2-1})(y-\sqrt{y^2-1})=z-\sqrt{z^2-1}$$

まずは、$z^2-2xyz+x^2+y^2-1=0$ から求まった $z=xy+\sqrt{x^2y^2-(x^2+y^2-1)}=xy+\sqrt{(x^2-1)(y^2-1)}$ を、等式の右辺に代入します。(計算して左辺となることを確認するのです。)

(右辺) $z+\sqrt{z^2-1}$

$=xy+\sqrt{(x^2-1)(y^2-1)}+\sqrt{\left(xy+\sqrt{(x^2-1)(y^2-1)}\right)^2-1}$

$=xy+\sqrt{(x^2-1)(y^2-1)}$
$\quad+\sqrt{x^2y^2+2xy\sqrt{(x^2-1)(y^2-1)}+(x^2-1)(y^2-1)-1}$

$=xy+\sqrt{(x^2-1)(y^2-1)}$
$\quad+\sqrt{x^2y^2+2xy\sqrt{(x^2-1)(y^2-1)}+\underline{x^2y^2-x^2-y^2}}$

$=xy+\sqrt{(x^2-1)(y^2-1)}$
$\quad+\sqrt{x^2(y^2-1)+2xy\sqrt{(x^2-1)(y^2-1)}+y^2(x^2-1)}$

$=xy+\sqrt{(x^2-1)(y^2-1)}$
$\quad+\sqrt{\left(x\sqrt{y^2-1}\right)^2+2xy\sqrt{(x^2-1)(y^2-1)}+\left(y\sqrt{x^2-1}\right)^2}$

$=xy+\sqrt{(x^2-1)(y^2-1)}+\sqrt{\left(x\sqrt{y^2-1}+y\sqrt{x^2-1}\right)^2}$

$=xy+\sqrt{(x^2-1)(y^2-1)}+x\sqrt{y^2-1}+y\sqrt{x^2-1}$

$=(x+\sqrt{x^2-1})(y+\sqrt{y^2-1})$ (左辺)

12 kマルコフ方程式

大風呂敷を広げて、まとめて結果を出したいな！

◆ kマルコフ方程式

次の(3-2)は、4マルコフ方程式「$x^2+y^2+z^2=xyz+4$」の「4」を「k」にしたものです。今後は、1-kマルコフ方程式、1-kマルコフ解、1-kマルコフ数を、単に「kマルコフ方程式」、「kマルコフ解」、「kマルコフ数」と呼ぶことにしましょう。

$$x^2+y^2+z^2=xyz+k \qquad \cdots (3\text{-}2)$$

$x^2+y^2+z^2=xyz$　〔$k=0$〕　0マルコフ方程式
（本来のマルコフ方程式）

$x^2+y^2+z^2=xyz+4$　〔$k=4$〕　4マルコフ方程式

$x^2+y^2+z^2=xyz+5$　〔$k=5$〕　5マルコフ方程式

◆ kマルコフ解の「親」と「子の兄弟」

kマルコフ解(a,b,c)と「a、b」が共通な解を「親」とします。もし親がいたら、親は「$(a, ab-c, b)$または$(ab-c, a, b)$」です。また「a、c」が共通な解を「兄」、「b、c」が共通な解を「弟」として、この兄弟を(a,b,c)の「子」とします。

親も、子の兄弟も、条件等はp67、p68と同様とします。

それでは、子の兄弟について見てみましょう。

まずは「$a \neq 1$ かつ $b \neq c$」の場合です。

45 $2 \leq a \leq b < c$ のとき、次を示せ。
(1) $ac - b > c$ 　　(2) $bc - a > c$

$2 \leq a \leq b < c$ から $-a \geq -b > -c$
$bc - a \geq ac - b > 2c - c = c$

　　(a, a, c) $(2 \leq a < c)$ には兄弟同一の子がいる
　　(a, b, c) $(2 \leq a < b < c)$ から先は兄弟で子がいる

次に「$a \neq 1$ かつ $b \neq c$」でない場合、つまり「$a = 1$ または $b = c$」の場合を見てみましょう。

まずは「$a = 1$」の場合ですが、次の通りです。

　　　　　$(1, 1, c)$ $(c \geq 1)$ には子がいない
　　　　　$(1, b, c)$ $(b \geq 2)$ の子は弟だけ

ほとんど明らかなので、次だけ確認しておきましょう。

46 $a = 1$、$2 \leq b \leq c$ のとき、次を示せ。
$$bc - a > c$$

このとき $bc - a = bc - 1$ です。また $2 \leq c$ から $c - 1 \geq 1$ です。
$bc - 1 \geq 2c - 1 = c + (c - 1) \geq c + 1 > c$ となり、$bc - a > c$

残りは「$a \neq 1$、$b = c$」の場合で、次の通りです。

$(2, 2, 2)$ には子がいない〔$k=4$〕

$(2, b, b)$ $(b≧3)$ の子は弟だけ〔$k=4$〕

(a, a, a) $(a≧3)$ には兄弟同一の子がいる

(a, b, b) $(3≦a<b)$ から先は兄弟で子がいる

これらも明らかなので、次だけ確認しておきましょう。

---

47 $2≦a≦b=c$ のとき次を示せ。

(1) $a=2$、$b≧3$ のとき $bc-a>c$

(2) $a≧3$ のとき $ac-b>c$、$bc-a>c$

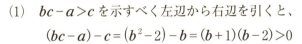

---

(1) $bc-a>c$ を示すべく左辺から右辺を引くと、

$(bc-a)-c = (b^2-2)-b = (b+1)(b-2)>0$

(2) $bc-a ≧ ac-b ≧ 3c-c = 2c > c$

◆「孤立解」と「スタート解」

kマルコフ解 (a, b, c) に子がいないのは、「$a=1$ または $b=c$」のときに出てきた $(1, 1, c)$ と $(2, 2, 2)$ だけでした。そこで、これらの親も見ておきましょう。

まずは「$a=1$」のときですが、このとき「$ab-c≦0$」なので親はいません。子の状況と合わせると、次のようになります。

解 $(1, 1, c)$ $(c≧1)$ は孤立解

解 $(1, b, c)$ $(b≧2)$ はスタート解

残りの「$a≠1$、$b=c$」のときは、次の通りです。

$(2, 2, 2)$ は孤立解〔$k=4$〕

$(2, b, b)$ $(b≧3)$ はスタート解〔$k=4$〕

(a, b, b) $(3≦a≦b)$ はスタート解

これらも明らかなので、次だけ確認しておきましょう。

48 $3≦a≦b=c$ のとき、次を示せ。
$$ab-c>b$$

$ab-c=ab-b≧3b-b=2b>b$

孤立解についてまとめると、次の通りです。

(a, b, c) が孤立解 $\iff$ $(1, 1, c)$ $(c≧1)$ または $(2, 2, 2)$

◆「$ab-c≦0$」の場合の k

ここからは「$ab-c$」と「k」の関係を見ていきます。

結論は次の通りです。これを見ると、**0マルコフ方程式**(本来のマルコフ方程式)や**4マルコフ方程式**は例外的な存在ですね。

$k≠0$、4 の k マルコフ解 (a, b, c) $(1≦a≦b≦c)$ が
孤立解やスタート解のとき、

$k>0$ $\iff$ 「$ab-c≦0$」

$k<0$ $\iff$ 「$ab-c>b$」

場合に分けて、順にこのことを見ていきましょう。

まずは「$ab-c\leq 0$」の場合です。このとき (a,b,c) は、親がいない孤立解かスタート解です。

49 k マルコフ解 (a,b,c) $(1\leq a\leq b\leq c)$ について、次を示せ。

「$ab-c\leq 0$　ならば　$k\geq 2$」

$x^2-abx+a^2+b^2-k=0$ $(x=c$、$ab-c)$ の「解と係数の関係」から、$c(ab-c)=a^2+b^2-k$ です。

$ab-c\leq 0$ ならば $a^2+b^2-k\leq 0$ つまり $a^2+b^2\leq k$ です。$2\leq a^2+b^2\leq k$ から $2\leq k$ です。

◆「$ab-c=b$」の場合の k

次に「$ab-c\geq b$」の場合を、「$ab-c=b$」と「$ab-c>b$」に分けて見ていきましょう。

まずは「$ab-c=b$」の場合です。

50 k マルコフ解 (a,b,c) $(1\leq a\leq b\leq c)$ について、次を示せ。

「$ab-c=b$　ならば　$k=4$ または $k\leq 0$」

$ab-c=b$ ならば、(a,b,c) の「親の候補」は (a,b,b) です。（$b=c$ のときは一致しています。）これから同じ k の k マルコフ解 (a,b,b) の方を用いて、k を見ていきます。

まず $a\geq 2$ です。$a=1$ では $ab-c=b$ とはなりません。

$a=2$ つまり $(a,b,b)=(2,b,b)$ のときは、これまで見てきた通り $k=4$ です。

$a\geq 3$ のときは、$k=a^2+b^2+b^2-ab^2=a^2+b^2(2-a)\leq a^2-b^2$

≦0です。等号が成り立つ、つまり $k=0$ となるのは「$a=3$ かつ $a=b$」つまり0マルコフ解のスタート解 $(3,3,3)$ のときです。

もし 50 で (a,b,c) を孤立解やスタート解とすれば、$k≦0$ の等号がはずれて「$k=4$ または $k<0$」となります。$k=0$ のスタート解 $(3,3,3)$ は、$ab-c=b$ ではないのです。$ab-c=b$ となるのは、$(3,3,3)$ の子である $(3,3,6)$ の方です。

◆「$ab-c=c$」の場合の k

次に「$ab-c>b$」の場合です。「a、b」が共通な解が「親の候補」ですが、この場合は親とは呼びません。

ここでさらに「$b<ab-c<c$」、「$ab-c=c$」、「$ab-c>c$」に場合を分けます。ただし $b=c$ のときは「$b<ab-c<c$」の場合はありえません。これが何を意味するのかは後々判明します。

それでは、まずは「$ab-c=c$」の場合です。

51 k マルコフ解 (a,b,c) $(1≦a≦b≦c)$ について、次を示せ。
「$ab-c=c$ ならば $k=4$ または $k<0$」

$ab-c=c$ から「$2c=ab$」です。

このときは $a≧2$ です。$ab=2c≧2b$ から、$ab≧2b$、$a≧2$ となるからです。

$a=2$ のときは、$ab=2c$、$2b=2c$、$b=c$ となり、$(a,b,c)=(2,b,b)$ で $k=4$ です。

ここから先は、$a≧3$ とします。

$2c=ab$ を $k=a^2+b^2+c^2-abc$ に代入しますが、(分数となるのを避けるため)あらかじめ両辺を8倍しておきます。

$$8k = 8a^2 + 8b^2 + 2\cdot(2c)^2 - 4ab\cdot 2c$$
$$= 8a^2 + 8b^2 + 2a^2b^2 - 4ab\cdot ab \quad (2c=ab)$$
$$= 8a^2 + 8b^2 - 2a^2b^2$$
$$= 8a^2 - a^2b^2 + 8b^2 - a^2b^2$$
$$= a^2(8-b^2) + b^2(8-a^2) < 0 \quad (3\leq a\leq b\ \text{より})$$

$8k<0$、つまり $k<0$ です。

◆「$b<ab-c<c$」「$ab-c>c$」の場合の k

残りは「$b<ab-c<c$」と「$ab-c>c$」の場合です。ただし $b=c$ のときは「$b<ab-c<c$」という場合はありえません。

先に進む前に、少し具体例を見ておきましょう。

まずは「$b\neq c$」の例です。

たとえば $(3,4,5)$ は親がいないスタート解です。$3\times 4-5=7$ と $b=4$ より大きく、親の候補 $(3,4,7)$ を $(3,4,5)$ の親とは呼ばないのです。

じつは、この $(3,4,7)$ も親がいないスタート解です。$3\times 4-5=7$ の -5 と 7 を移項すると $3\times 4-7=5$ となり、$(3,4,5)$ の「4、5」の並びから当然ですが、$b=4$ より大きいからです。

この $(3,4,5)$ と $(3,4,7)$ は、「$3\times 4-5=7$、$3\times 4-7=5$」で結びついた、互いを親の候補とするスタート解同士です。今後は「コンビを組んだスタート解」と呼ぶことにしましょう。

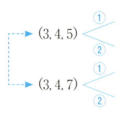

今度は、後々判明すると予告していた「$b=c$」の例です。

たとえば $(3,4,4)$ では $3×4-4=8(>4)$ となり、求まった $(3,4,8)$ はコンビの相棒ではなく、子の兄の方です。今後はコンビの相棒がいない「単独スタート解」と呼ぶことにしましょう。

$$(3,4,4) \overset{①}{\underset{②}{<}} (3,4,8)$$

次の 52 は、この例でいうと「$4<3・4-7<7$」である解 $(3,4,7)$ から、「$3・4-5>5$」である解 $(3,4,5)$ の存在を示すものです。

ちなみに「$b=c$」の (a,b,b) $(3≦a≦b)$ では、$ab-c=ab-b$ $≧3b-b=2b>b=c$、つまり「$ab-c>c$」となっています。もとより「$b<ab-c<c$」のはずはありません。

---

52 「$b<ab-c<c$」である k マルコフ解 (a,b,c) $(1≦a≦b≦c)$ に対して、次の(1)(2)をみたす同じ k の k マルコフ解 (a,b,c') が存在することを示せ。

(1) $ab-c=c'$、$ab-c'=c$

(2) $ab-c'>c'$

明らかなので、何を示してよいか戸惑うほどですね。

(1) $ab-c=c'$ としたとき、親の候補 (a,b,c') は同じ k の k マルコフ解です。$b<c'$ なので、この親の候補 (a,b,c') を親と呼ばないだけです。また $c'=ab-c$ の c' と $-c$ を移項すれば、$c=ab-c'$ です。

(2) $ab-c<c$ つまり「$c'<c$」のとき、$ab-c'>c'$ は「$c>c'$」そのものです。

準備が整ったところで、残りの「$b<ab-c<c$」、「$ab-c>c$」の場合の k を見ていきましょう。この場合は、52 から「$ab-c>c$」の場合に帰着します。解 $(3,4,7)$ なら、同じ k の k マルコフ解 $(3,4,5)$ の方を用いて、k を見ていくのです。

> **53** k マルコフ解 (a,b,c) $(1 \leq a \leq b \leq c)$ について、次を示せ。
> 「$ab-c>c$ ならば $k \leq 0$」

まず $a \geq 3$ です。$ab-c>c$ ならば、$ab>2c \geq 2b$ より、$ab>2b$、$a>2$ つまり $a \geq 3$ です。

さて次の式変形は、放物線の頂点の求め方でおなじみですね。
$$k = c^2 - abc + a^2 + b^2$$
$$= \left(c - \frac{ab}{2}\right)^2 + a^2 + b^2 - \frac{a^2 b^2}{4}$$

ここで $ab-c>c$ ならば、$ab>2c$、$\frac{ab}{2}>c$ です。つまり k を c の関数と見たとき、c の変域は $b \leq c < \frac{ab}{2}$ です。ここで $b < \frac{ab}{2}$ です。$a \geq 3$ から $\frac{ab}{2} - b = \frac{b(a-2)}{2} > 0$ だからです。

それでは、$b \leq c < \dfrac{ab}{2}$ での k の正負を見ていきましょう。

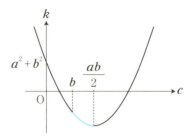

$c = b$ のとき　$k = b^2 - ab^2 + a^2 + b^2$
$ = (2-a)b^2 + a^2$
$ \leq -b^2 + a^2 \leq 0$　　（$a \geq 3$ より）

ここで $k = 0$ となるのは、（$c = b$ で）「$a = 3$ かつ $a = b$」のとき、つまり 0 マルコフ解のスタート解 $(3, 3, 3)$ のときです。

$(3, 3, 3)$ のときは $k = 0$ ですが、それ以外のときはグラフから分かるように $k < 0$ です。

◆k の正負と「$ab - c$」の関係

いよいよ p124 で予告した「k の正負」と「$ab - c$」の関係です。ここでは (a, b, c) を孤立解やスタート解とします。

p125 49 の「$ab - c \leq 0$ ならば $k \geq 2$」から「$ab - c \leq 0$ ならば $k > 0$」です。問題はこの逆です。「$k > 0$ ならば $ab - c \leq 0$」でしょうか。ただし、$k = 4$ は最初から除いておきます。$k = 4$ のスタート解は $(2, b, b)$ $(b \geq 3)$ ですが、$ab - c = 2b - b = b > 0$ となり、

$ab-c \leq 0$ ではないのです。

> **54**
> $k>0$ ($k \neq 4$) とする。
> k マルコフ解 (a, b, c) ($1 \leq a \leq b \leq c$) が孤立解やスタート解のとき、「$ab-c \leq 0$」であることを示せ。

(a, b, c) が孤立解やスタート解のとき、親がいないことから「$0 < ab-c \leq b$、$ab-c \neq c$」を満たしません。ところが p126 **51** から「$ab-c = c$ ならば $k=4$ または $k<0$」なので、満たさないのは「$0 < ab-c \leq b$」の方です。つまり「$ab-c \leq 0$ または $ab-c > b$」です。

ここで仮に「$ab-c > b$」とすると、$ab-c = c$ なら **51** から「$k=4$ または $k<0$」、それ以外の $b < ab-c < c$ や $ab-c > c$ なら p128 **52** p129 **53** から「$k \leq 0$」つまり「$k=0$ または $k<0$」です。

結局のところ $k>0$ ($k \neq 4$) のときは、「$ab-c > b$」ではなく「$ab-c \leq 0$」です。

> $k \neq 0$、4 の k マルコフ解 (a, b, c) ($1 \leq a \leq b \leq c$) が
> 孤立解やスタート解のとき、
>
> $k>0$ ⟺ 「$ab-c \leq 0$」
>
> $k<0$ ⟺ 「$ab-c > b$」

$k=0$ のとき、スタート解 $(3, 3, 3)$ では「$ab-c > b$」
$k=4$ のとき、孤立解 $(1, 1, 2)$ では「$ab-c < 0$」、孤立解 $(2, 2, 2)$
　　　　　とスタート解 $(2, b, b)$ ($b \geq 3$) では「$ab-c = b$」
今の段階では、$k=0$ を $k<0$ に入れて $k \leq 0$ としてもよさそう

ですね。でも後ほど、$k=0$ を $k<0$ と別にしたい事情が生じてくるのです。(p148参照)

これで k マルコフ解 (a, b, c) が、孤立解やスタート解となる状況が分かりました。親がいない事情が判明したのです。$k>0$ ($k \neq 4$) のときは、「$ab-c$」がゼロや負となるからです。$k<0$ のときは、「$ab-c$」が b より大きくなるからです。ちなみに $k=0$、4 のときは、孤立解やスタート解がすでに分かっていて、家系図も完成しています。

◆「孤立解」をもつ k マルコフ方程式

どんな (a, b, c) も k を選べば、$x^2+y^2+z^2=xyz+k$ の解となっています。たとえば $(3, 3, 4)$ なら $x^2+y^2+z^2=xyz-2$ の解です。$3^2+3^2+4^2=3 \cdot 3 \cdot 4+k$ から $k=-2$ と求まるからです。

さて孤立解は $(1, 1, c)$ $(c \geq 1)$ と $(2, 2, 2)$ でした。$(2, 2, 2)$ を解にもつのは、$k=4$ の4マルコフ方程式です。では孤立解 $(1, 1, c)$ $(c \geq 1)$ を解にもつのは、どんな k マルコフ方程式でしょうか。

55 $(1, 1, c)$ $(c \geq 1)$ を解にもつ k マルコフ方程式の k を求めよ。

$(1, 1, c)$ を代入して k を求めるだけですね。
$$1^2+1^2+c^2=1 \cdot 1 \cdot c+k$$
$$c^2-c+2=k$$

$k=c^2-c+2$ $(c \geq 1)$ のときは、孤立解 $(1, 1, c)$ を家系図にかかえています。孤立解 $(2, 2, 2)$ をもつ $k=4$ も含まれているので、

孤立解をもつのはこれらの k のときだけです。$k=c(c-1)+2\geq 2$ ($c\geq 1$) なので、$k<2$ のときは孤立解をもちません。

k マルコフ方程式が孤立解をもつのは、
$k=c(c-1)+2$ ($c\geq 1$) のとき

$k<2$ のとき、k マルコフ解の家系図に孤立解はない
（特に、$k<0$ のときは孤立解をもたない）

◆ $(2, 2, c)$ を解にもつ k マルコフ方程式

ここで（1つでも無数でもない）それなりに多くのスタート解をもつ k マルコフ方程式を見ておきましょう。

じつはそんな例に $(2,2,c)$ を解にもつ k マルコフ方程式があります。このとき $k=c^2-4c+8=(c-2)^2+4$ で、家系図は次の図3-4となります。下図で $3\leq c-2$、つまり $5\leq c$ とします。

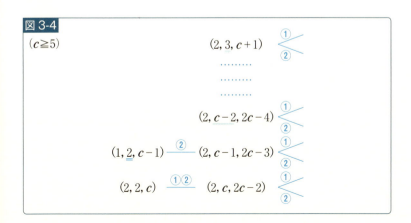

図3-4

だたし、この家系図は未完成です。たとえば $c \geq 6$ ($\underline{c-3} > \underline{2}$) のとき、$(1, \underline{c-3}, c-1)$ もスタート解です。ちなみに、ここに出てきた $(2, c-n, 2c-2-n)$ ($1 \leq n \leq c-3$、$c \geq 5$) や $(1, \underline{c-3}, c-1)$ ($c \geq 6$) が、$k = (c-2)^2 + 4$ の k マルコフ解であることは、計算で直接確かめることができます。(p184、p185 参照)

13

3章 ◆ kマルコフ方程式

解をもたない k マルコフ方程式

まずは解をもつ方程式から、見当をつけよう！

◆網をかける（1）

通常は方程式が先にあるものです。その上で、この方程式に解はあるのか、あるとしたら解は何かと考えます。

今回は、これを逆から見ていきます。そもそもどんな (a, b, c) にも、これを解とする k マルコフ方程式はあるのです。解が方程式を選ぶ、ともいえます。

それでは、いかなる解にも選ばれない k マルコフ方程式は、どんなものでしょうか。これから解が存在しない k マルコフ方程式の k を見つけ出していきましょう。

さて、p116 43 は 0 マルコフ方程式「$x^2 + y^2 + z^2 = xyz + 0$」に関するもので、整数解 (a, b, c) の a、b、c はいずれも 3 の倍数でした。

この 43 を拡張したのが次の 56 です。ちなみに $k = 0$ は 3 の 0 倍で、もちろん 3 の倍数です。

> **56**
> k マルコフ方程式の整数解 (a, b, c) について、次を示せ。
> 「a、b、c がいずれも 3 の倍数」 ⟺ 「k が 3 の倍数」 ✏

ここでも a、b、c を「3 で割った余り」を再び a、b、c として、余りの大小で並べかえて $0 \leq a \leq b \leq c \leq 2$ とします。k を「3 で割った余り」も k とすると、次のようになっています。

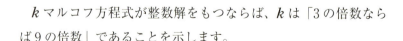

表3-2

a	b	c	$a^2 + b^2 + c^2 - abc = k$
0	0	0	$0 + 0 + 0 - 0 = 0$
0	0	1	$0 + 0 + 1 - 0 = 1$
0	0	2	$0 + 0 + 1 - 0 = 1$
0	1	1	$0 + 1 + 1 - 0 = 2$
0	1	2	$0 + 1 + 1 - 0 = 2$
0	2	2	$0 + 1 + 1 - 0 = 2$
1	1	1	$1 + 1 + 1 - 1 = 2$
1	1	2	$1 + 1 + 1 - 2 = 1$
1	2	2	$1 + 1 + 1 - 1 = 2$
2	2	2	$1 + 1 + 1 - 2 = 1$

これで確認できました。「a、b、cがいずれも3の倍数」であるときと、「kが3の倍数」であるときが、ピッタリ一致しています。

57 kが「3の倍数だけど9の倍数でない」とき、
kマルコフ方程式は整数解をもたないことを示せ。

kマルコフ方程式が整数解をもつならば、kは「3の倍数ならば9の倍数」であることを示します。

kが3の倍数ならば、$x^2+y^2+z^2=xyz+k$ の解は 56 より $(3a'、3b'、3c')$ (a'、b'、c'は整数) となっています。

そこで $(3a'、3b'、3c')$ を代入して、kを見てみます。

$$k = (3a')^2 + (3b')^2 + (3c')^2 - (3a')(3b')(3c')$$
$$= 9(a'^2 + b'^2 + c'^2 - 3a'b'c')$$

これで k は 9 の倍数であることが分かりました。

k マルコフ方程式が整数解をもつならば、k は「3 の倍数ならば 9 の倍数」なのです。これは、k が「3 の倍数だけど 9 の倍数でない」とき、k マルコフ方程式は整数解をもたないということです。

k に「3 の倍数だけど 9 の倍数でない」という網をかけることで、$k = $ ……、-6、-3、3、6、12、15、…… の k マルコフ方程式は、整数解をもたないことが分かったのです。

> **網（その1）**
>
> k が「3 の倍数だけど 9 の倍数でない」とき、
> 方程式 $x^2 + y^2 + z^2 = xyz + k$ は整数解をもたない

◆網をかける（2）

「3 の倍数だけど 9 の倍数でない」という網の他に、もう 1 つ別の網を見つけることにしましょう。

58 k マルコフ方程式が整数解をもつならば、k は「4 で割ると 0 か 1 か 2 余る」ことを示せ。

早い話が、k は「4 で割ると 3 余ることはない」ということです。

今回は、整数解 (a, b, c) の a、b、c を「4で割った余り」を再び、a、b、c として、余りの大小で並べかえて $0 \leq a \leq b \leq c \leq 3$ とします。k を「4で割った余り」も k とすると、次のようになっています。

表 3-3

a	b	c	$a^2 + b^2 + c^2 -$	abc	$= k$
0	0	0	0 + 0 + 0 −	0	= 0
0	0	1	0 + 0 + 1 −	0	= 1
0	0	2	0 + 0 + 0 −	0	= 0
0	0	3	0 + 0 + 1 −	0	= 1
0	1	1	0 + 1 + 1 −	0	= 2
0	1	2	0 + 1 + 0 −	0	= 1
0	1	3	0 + 1 + 1 −	0	= 2
0	2	2	0 + 0 + 0 −	0	= 0
0	2	3	0 + 0 + 1 −	0	= 1
0	3	3	0 + 1 + 1 −	0	= 2
1	1	1	1 + 1 + 1 −	1	= 2
1	1	2	1 + 1 + 0 −	2	= 0
1	1	3	1 + 1 + 1 −	3	= 0
1	2	2	1 + 0 + 0 −	0	= 1
1	2	3	1 + 0 + 1 −	2	= 0
1	3	3	1 + 1 + 1 −	1	= 2
2	2	2	0 + 0 + 0 −	0	= 0
2	2	3	0 + 0 + 1 −	0	= 1
2	3	3	0 + 1 + 1 −	2	= 0
3	3	3	1 + 1 + 1 −	3	= 0

k を4で割った余りは「0か1か2」ですね。これは、k が「4

で割ると3余る」ときは整数解をもたないということです。たとえば$k=-5$は、「$(-5)÷4=(-2)$余り3」なので整数解をもちません。

kに「4で割ると3余る」という網をかけることで、$k=……$、-5、-1、3、7、11、15、……のkマルコフ方程式は、整数解をもたないことが分かったのです。

> **網（その2）**
>
> kが「4で割ると3余る」とき、
> 方程式$x^2+y^2+z^2=xyz+k$は整数解をもたない

◆網から抜け落ちたk

kに（かなり安直な）2種類の網をかけて、解をもたないkマルコフ方程式を見つけ出してきましたね。もちろん、そのようなkを根こそぎ網にかけたわけではありません。

ためしに具体的な(a, b, c)（$1≦a≦b≦c$）を代入して、$k=a^2+b^2+c^2-abc$を求めてみましょう。

ある程度やってみると（あくまでもその限りでは）kとして現れそうにない数が見つかってきます。しかもその中には、2つの網から抜け落ちたkが混じっているのです。たとえば1から100までの範囲では、「1、9、16、36、46、56、81、86」と8個も出てきます。

それにしても「1、9、16、36、81」と平方数が5つもあるのが気になりますね。次章で追求することにしましょう。

コラム III 美しい等式（2）

まずは、次の等式を見てみましょう。

> (1) $14^2 - 7^2 = (5^2-1)(3^2-1) - (4^2-1)(2^2-1)$
> (2) $23^2 - 14^2 = (6^2-1)(4^2-1) - (5^2-1)(3^2-1)$
> (3) $34^2 - 23^2 = (7^2-1)(5^2-1) - (6^2-1)(4^2-1)$

では、次の□に当てはまる数は何でしょうか。

> $□^2 - □^2 = (8^2-1)(6^2-1) - (7^2-1)(5^2-1)$

これらのタネは、$Z^2 - 4 = (X^2-1)(Y^2-1)$ です。この解からなる2組の等式を、辺々引いているだけなのです。

(1) $7^2 - 4 = (4^2-1)(2^2-1)$、$14^2 - 4 = (5^2-1)(3^2-1)$
(2) $14^2 - 4 = (5^2-1)(3^2-1)$、$23^2 - 4 = (6^2-1)(4^2-1)$
(3) $23^2 - 4 = (6^2-1)(4^2-1)$、$34^2 - 4 = (7^2-1)(5^2-1)$

じつは $Z^2 - 4 = (X^2-1)(Y^2-1)$ は、$\langle 2, 4, 7 \rangle$、$\langle 3, 5, 14 \rangle$、$\langle 4, 6, 23 \rangle$、$\langle 5, 7, 34 \rangle$、……、つまり $\langle n, n+2, n(n+2)-1 \rangle$ という解をもつのです。これを用いると、□に当てはまる数は、

$$34^2 - 4 = (7^2-1)(5^2-1),\quad 47^2 - 4 = (8^2-1)(6^2-1)$$

から「$47^2 - 34^2$」となります。$47 = 8 \times 6 - 1$、$34 = 7 \times 5 - 1$ です。

それでは「Z^2-4」を「Z^2-k^2」と一般化し、「$Z^2-k^2=(X^2-1)(Y^2-1)$」($k≧1$) が解 $\langle n, n+k, n(n+k)-1 \rangle$ ($n≧2$) をもつことを見てみましょう。

まずはこの方程式に対応する、「$x^2+y^2+z^2=2xyz+(k^2+1)$」の解 $(n, n+k, z)$ ($n≧2$) の z を求めます。(p191 参照) つまりは次の2次方程式を解きます。

$$n^2+(n+k)^2+z^2=2n(n+k)z+(k^2+1)$$
$$z^2-(2n^2+2nk)z+(2n^2+2kn-1)=0$$
$$\{z-(2n^2+2nk-1)\}\{z-1\}=0$$

$z≧2$ より $z=2n^2+2nk-1$

$Z=z-xy$ より (p191 参照)、$Z=(2n^2+2nk-1)-n(n+k)=n^2+kn-1=\boxed{n(n+k)-1}$ と求まります。

「Z^2-k^2」が「Z^2-4」となるのは $k=2$ のときで、このとき $Z=n(n+k)-1$ は $Z=\boxed{n(n+2)-1}$ となります。

4章
kマルコフ解の拡張

解がない方程式はどれかって？
何から始めたらよいのかも…

まず、何か**思い込みを**してないか振り返ってみようよ！

$(-1, 2, 4)$ 等

$(0, 2, 5)$ 等 $(-2, 2, 3)$ 等

$$x^2 + y^2 + z^2 = xyz + 29$$

14 「kが正」のkマルコフ解の家系図

まずは思い込みを捨て去ることから……?!

◆kマルコフ解の拡張

マルコフ数は正の整数です。これを踏襲して、kマルコフ数も正の整数としました。でも、そうする理由があったのでしょうか。

正という条件をはずせば、たちどころに整数解が見つかることがあります。$k=1$、9、16、36、81には、それぞれ解$(0,0,1)$、$(0,0,3)$、$(0,0,4)$、$(0,0,6)$、$(0,0,9)$があるのです。

今後は、「kマルコフ解」をkマルコフ方程式の(0や負を含めた)整数解とします。さてゼロや負を含めると、どのような解が加わってくるのでしょうか。

kマルコフ解(a,b,c) $(a \leq b \leq c)$が1つあったとします。すると、a、b、cのどれか2つの符号を変えたものもkマルコフ解です。

$a^2+b^2+c^2=abc+k$ が成り立っていたら、

$$(-a)^2+(-b)^2+c^2=(-a)(-b)c+k$$
$$(-a)^2+b^2+(-c)^2=(-a)b(-c)+k$$
$$a^2+(-b)^2+(-c)^2=a(-b)(-c)+k$$

も、同時に成り立つからです。ただし0には符号はありませんが、$(-1) \times 0 = 0$から「0の符号を変えた数は0」とします。

今後は「(a,b,c) 等」と「等」をつけたら、「a、b、cのどれか2つの符号を変えたもの全部」とします。(a,b,c)は、いわばその代表です。

4章 ◆ kマルコフ解の拡張

> **59** 解 (a, b, c) $(a \leq b \leq c)$ の代表は、$(0, 0, 0)$、$(0, 0, 正)$、$(0, 正, 正)$、$(負, 正, 正)$、$(正, 正, 正)$ とできることを示せ。

まずは《0 の個数》で順に見ていきます。

0 が 3 つは $(0, 0, 0)$ ですが、これはこのまま代表とします。

0 が 2 つは $(負, 0, 0)$ と $(0, 0, 正)$ ですが、$(負, 0, 0)$ は代表を「−負、−0、0」を並べかえた $(0, 0, 正)$ とできます。

0 が 1 つは $(負, 負, 0)$ と $(負, 0, 正)$ と $(0, 正, 正)$ ですが、$(負, 負, 0)$ も $(負, 0, 正)$ も代表を「−負、−負、0」や「−負、−0、正」を並べかえた $(0, 正, 正)$ とできます。

次に 0 がない場合は、さらに《負の個数》で見ていきます。

負が 3 つは $(負, 負, 負)$ ですが、代表を「−負、−負、負」を並べかえた $(負, 正, 正)$ とできます。

負が 2 つは $(負, 負, 正)$ ですが、代表を「−負、−負、正」を並べかえた $(正, 正, 正)$ とできます。

負が 1 つは $(負, 正, 正)$ ですが、これはこのまま代表とします。

負が 0 個は $(正, 正, 正)$ ですが、これもこのまま代表とします。

59 から、ゼロや負の整数を含めたことで新たに考察すべき解は、$(0, 0, c)$ $(c \geq 0)$、$(-c', a, b)$ $(c' \geq 0、1 \leq a \leq b)$ となります。

ここで留意事項をまとめておきましょう。

- $(0, 0, 0)$ は $k = 0$、つまり 0 マルコフ方程式の解です。
- $(0, 0, 正)$ を解にもつのは k が平方数のときです。$(0, 0, 正)$ を $(0, 0, c)$ $(c > 0)$ とおくと $k = c^2$ です。
- $(0, 正, 正)$ を解にもつのは k が「2 乗の和」のときです。$(0, 正,

正）を $(0, a, b)$（$1 \leq a \leq b$）とおくと $k = a^2 + b^2$ です。

どのような k が「2乗の和」に表されるかは、一般論（整数論）でよく知られています。k を素因数分解したとき、「2」と「4で割ると 1 余る素数」は何個あってもよいのですが、「4で割ると 3 余る素数」は偶数個でなければなりません。

最後に $k < 0$ のときは、これらの新たな解はもちません。$k = c^2$ の $(0, 0, c)$ や $k = a^2 + b^2$ の $(0, a, b)$ だけでなく、$(-c', a, b)$（$c' \geq 1$、$1 \leq a \leq b$）という解ももたないのです。$k = (-c')^2 + a^2 + b^2 - (-c')ab = c'^2 + a^2 + b^2 + c'ab > 0$ だからです。

> $k < 0$ のときは、正での家系図の解に「等」をつけるだけ

ここで「$k < 0$」を「$k \leq 0$」とすることはできません。「$k = 0$」のときは、新たに $(0, 0, 0)$ 等が加わるからです。

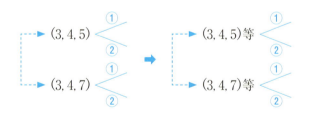

◆「新孤立解」と「新スタート解」

$k \geq 0$ のときは、新たに「$(0, 0, c)$（$c \geq 0$）」や「$(-c', a, b)$（$c' \geq 0$、$1 \leq a \leq b$）」といった解が加わります。（適宜「等」は省略します。）今後「元」とつけたら、正に限定したものとします。

> **60** 次のことを示せ。
> (1) $(-c', a, b)$ $(c'≧0、1≦a≦b)$ は、元孤立解や元スタート解の親
> (2) $(0, 0, c)$ $(c≧0)$ は、新孤立解

(1) $ab-(-c')=c$ とおくと、$c=ab+c'≧ab≧b$ となり、$1≦a≦b≦c$ です。そこで (a, b, c) を考えると、この親の候補は $ab-c=-c'$ から $(-c', a, b)$ です。これまでは $-c'≦0$ から (a, b, c) には親がいないとしました。つまり (a, b, c) は元孤立解や元スタート解です。$(-c', a, b)$ は、この元孤立解や元スタート解 (a, b, c) の親となっています。

(2) $(0, 0, c)$ の親の候補は、$0×0-c=-c$ から $(-c, 0, 0)$、つまり自分自身の $(0, 0, c)$ 等です。子も兄弟ともに $0×c-0=0$ から $(0, 0, c)$ 等となり、やはり自分自身です。つまり $(0, 0, c)$ は、ゼロや負を含めたことで生じた新たな孤立解です。

この **60** で、新たに考察すべき解の正体が判明しました。元孤立解や元スタート解の親と、新孤立解 $(0, 0, c)$ $(c≧0)$ です。

ここで、新家系図作りのルールを確認しておきます。もし元孤立解や元スタート解の親が $(-c', a, b)$ $(c'≧0、1≦a≦b)$ となったら、これを新スタート解として、これ以上親をたどらないことにします。(負, 正, 正) の親も、(0, 正, 正) の親も、以下の通り元家系図の中にあるからです。

まず (負, 正, 正) の親は、負×正 − 正 = 負から (負, 負, 正) ですが、これは2つの符号を変えることで代表を (正, 正, 正) とで

き、すでに元家系図の中にあります。

次に $(0, 正, 正)$ の親も、$(0, 正, 正)$ を $(0, a, b)$ $(1 \leq a \leq b)$ とおくと、$0 \times a - b = -b$ から $(-b, 0, a)$ となり、自分自身の $(0, a, b)$ 等となっています。

> 元孤立解や元スタート解の親が $(-c', a, b)$ $(c' \geq 0$、$1 \leq a \leq b)$ のとき、$(-c', a, b)$ 等を新家系図の新スタート解とする。

その元孤立解や元スタート解 (a, b, c) $(1 \leq a \leq b \leq c)$ ですが、次の通りでした。(p131 参照)

> $k \neq 0$、4 のとき、
> $\quad k > 0 \iff \lceil ab - c \leq 0 \rfloor$
> $\quad k < 0 \iff \lceil ab - c > b \rfloor$

これから次のことが分かります。(今後も適宜「新」を省略)

$k > 0$ $(k \neq 4)$ のとき
  新スタート解は、$(-c', a, b)$ 等 $(c' \geq 0$、$1 \leq a \leq b)$
  新孤立解は、$(0, 0, c)$ 等 $(c \geq 1)$ 〔$k = c^2$〕

$c = 0$ のときの $(0, 0, c)$ つまり $(0, 0, 0)$ は、$k = 0$ の新孤立解です。「$k = 0$」では「$k < 0$」と異なり、孤立解が存在するのです。p132 の上で、$k = 0$ を $k < 0$ と別にしたい事情が生じてくると予告していましたね。

$k<0$ のときは、元家系図の解に「等」をつけるだけです。

$k=0$、4のときは、このすぐ後で見ていきます。

◆新家系図（$k=0$）

$k=0$ の「0マルコフ解」（本来のマルコフ解）の元家系図は、次の通りです。（p117 図3-1 参照）

$$(3,3,3) \underset{①②}{\text{———}} (3,3,6) \underset{①②}{\text{———}} (3,6,15) <\begin{matrix}①\\②\end{matrix}$$

61 0マルコフ解の新家系図はどうなるか。

まず $k=0^2$ から新孤立解 $(0,0,0)$ が加わります。$(0,0,0)$ 等としても中味は $(0,0,0)$ だけです。

次に元スタート解 $(3,3,3)$ の親を見てみます。これは $3 \times 3 - 3 = 6 > 3$ となって親がいないので、このまま新スタート解です。

新家系図は、孤立解 $(0,0,0)$ を追加し、後は単に「等」をつけて完了です。

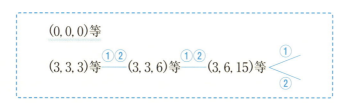

もし解を全部のせるなら、次のようになります。

```
(0, 0, 0)
                    ①②              ①②                    ①
   (3, 3, 3)─────(3, 3, 6)─────(3, 6, 15)
   (-3, -3, 3)    (-3, -3, 6)    (-15, -3, 6)              ②
                  (-6, -3, 3)    (-6, -3, 15)
                                 (-15, -6, 3)
```

この「0マルコフ解」の新家系図では、孤立解 $(0,0,0)$ がいかにも目障りですね。「マルコフ解」は0マルコフ解を「3分の1」にしただけなので、この目障りな $(0,0,0)$ は新家系図でもこのまま居座ります。$(0,0,0)$ の他は「等」をつけるだけとなると、あっさり正に限定して $(0,0,0)$ を除外したのも納得ですね。

◆新家系図（$k=5$）

$k=5$ の「5マルコフ解」でも、新家系図を見ておきましょう。元家系図は次の通りです。（p108 図2-10 参照）

```
                ②            ①②                    ①
   (1, 2, 2)─────(2, 2, 3)─────(2, 3, 4)
                                                     ②
```

62 5マルコフ解の新家系図はどうなるか。

まず新孤立解はありません。$k=5$ は平方数でないため、$(0, 0, c)$ $(5=c^2)$ という孤立解をもたないのです。

次に元スタート解 $(1, 2, 2)$ の親を見てみます。$1×2-2=0$ から親は $(0, 1, 2)$ で、これが新スタート解となります。

新家系図は $(1,2,2)$ の親 $(0,1,2)$ を追加するだけで、後は単に「等」をつけるだけで完了です。

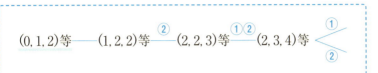

5マルコフ解の新家系図は、孤立解もなく1本につながっていて好感がもてますね。しかも新スタート解は、$5=1^2+2^2$ からすぐに $(0,1,2)$ と分かります。

◆新家系図（$k=4$）

$k=4$ の「4マルコフ解」の新家系図を見てみましょう。元家系図は p71 図2-1 です。

 4マルコフ解の新家系図はどうなるか。

まず $k=4=2^2$ から新孤立解 $(0,0,2)$ が加わります。

次に元孤立解 $(2,2,2)$、$(1,1,2)$ と元スタート解 $(2,b,b)$ $(b≧3)$ の親を見てみます。

$(2,2,2)$ の親は自分自身なので、そのまま新孤立解です。

$(1,1,2)$ は $1×1-2=-1$ から、新たに親 $(-1,1,1)$ ができます。

$(2,b,b)$ $(b≧3)$ は親が自分自身なので、このまま新スタート解です。

新家系図は $(0,0,2)$、$(-1,1,1)$ を追加し、後は「等」をつけて完了です。

```
(−1, 1, 1)等 ──── (1, 1, 2)等

(0, 0, 2)等

(2, 2, 2)等

(2, 3, 3)等 ─②─ (3, 3, 7)等 ─①②─ (3, 7, 18)等 <①
                                              ②
```

◆「元孤立解」と「新孤立解」

元孤立解は $(1, 1, c)$ $(c \geq 1)$ と $(2, 2, 2)$ でした。ゼロや負を含めたことで、これらはどうなるのでしょうか。

$(2, 2, 2)$ は、4マルコフ解で見た通り新孤立解です。

$(1, 1, c)$ $(c \geq 1)$ は $1 \times 1 - c = -(c-1) \leq 0$ から新たに親 $(-(c-1), 1, 1)$ ができ、孤立解ではなくなります。

64 $(1, 1, c)$ $(c \geq 1)$ は、家系図のどこに位置するか。

$c = 1$ の $(1, 1, 1)$ は、$1 \times 1 - 1 = 0$ から親 $(0, 1, 1)$ ができるだけです。

$c = 2$ の $(1, 1, 2)$ も、4マルコフ解で見た通り、親 $(-1, 1, 1)$ ができるだけです。

ここから先は $c \geq 3$ として、$(1, 1, c)$ を見てみます。

$(1, 1, c)$ の親は、先ほど見た通り $(-(c-1), 1, 1)$ です。$c \geq 3$ のとき、この $(-(c-1), 1, 1)$ の2つの符号を変えた $(-1, 1, c-1)$

($c-1≧2$) は、元スタート解 $(1, c-1, c)$ の親です。$(1, c-1, c)$ の親は、$1×(c-1)-c=-1$ から確かに $(-1, 1, c-1)$ ですね。

このため $c≧3$ のときは、新スタート解 $(-1, 1, c-1)$ 等に、元孤立解 $(1, 1, c)$ がつながってきます。

たとえば $c=3$ の $(1, 1, 3)$ は、$(-1, 1, 2)$ 等にぶら下がります。

【$x^2+y^2+z^2=xyz+8$】

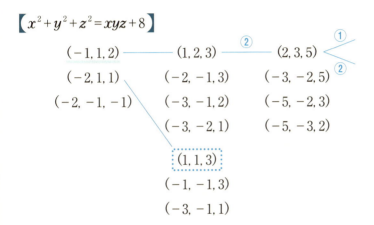

ゼロや負を含めたことで $(1, 1, c)$ ($c≧1$) の孤立は解消しました。

(a, b, c) 等が新孤立解 ⟺ $(2, 2, 2)$ 等、$(0, 0, c)$ 等 ($c≧0$)

$(2, 2, 2)$ は $k=4$、$(0, 0, c)$ ($c≧0$) は $k=c^2$ の k マルコフ解の家系図の孤立解です。(引き続き、適宜「新」は省略します。)

ゼロや負を含めても、新家系図が1本につながるとは限りません。新スタート解も、1つとは限らないのです。

> **65** $x^2+y^2+z^2=xyz+8$ の新スタート解を、p153 で見てみた $(-1,1,2)$ 等の他にもう 1 つ見つけよ。

$2^2+2^2=8$ からすぐに思いつきますね。新スタート解には $(0,2,2)$ 等もあります。(p168 参照)

```
(0, 2, 2) ——— (2, 2, 4) ①② (2, 4, 6) ①
(-2, 0, 2)    (-2, -2, 4)    (-4, -2, 6)  ②
(-2, -2, 0)   (-4, -2, 2)    (-6, -2, 4)
                              (-6, -4, 2)
```

◆「元スタート解」と「新スタート解」

ゼロや負を含めたことで、つながってくるのは元孤立解だけではありません。

> **66** $x^2+y^2+z^2=xyz+38$ の 3 つの解、$(1,3,7)$、$(1,4,7)$、$(3,4,13)$ は、どのような関係にあるか。

$(1,3,7)$、$(1,4,7)$、$(3,4,13)$ はどれも元スタート解です。それぞれ $1\times3-7=-4$、$1\times4-7=-3$、$3\times4-13=-1$ と負になり、親がいなかったのです。

でもゼロや負を含めたことで、新たに親 $(-4,1,3)$、$(-3,1,4)$、$(-1,3,4)$ ができました。注目すべきは、これらの親は 2 つの符号を変えると他と同一となることです。これらに $(-4,-3,-1)$ を加えた「$(-1,3,4)$ 等」が共通の親で、これが新スタート解と

なります。$(1, 3, 7)$、$(1, 4, 7)$、$(3, 4, 13)$ は共通の親をもつ関係、つまり兄弟関係にあるのです。新スタート解の子は、3兄弟のこともあるということです。

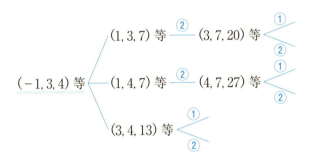

スタート解 $(-1, 3, 4)$ 等は、$(-4, 1, 3)$ 等や $(-3, 1, 4)$ 等としても中味は変わりません。もちろん $(-4, -3, -1)$ 等でもよいのですが、これまで通り代表は $(-c', a, b)$ $(c' \geq 0、1 \leq a \leq b)$ とします。

その代表ですが、さらに $(-c', a, b)$ $(1 \leq a \leq b、0 \leq c' \leq a)$ とできることに注目です。$c' > a$ のときは $(-c', a, b)$ のかわりに「$(-a, b, c')$ または $(-a, c', b)$」を代表にできるからです。

$k > 0$ $(k \neq 4)$ のとき
　新スタート解は、$(-c', a, b)$ 等 $(1 \leq a \leq b、0 \leq c' \leq a)$
　新孤立解は、$(0, 0, c)$ 等 $(c \geq 1)$ 〔$k = c^2$〕

66 では、元スタート解は3兄弟でしたね。もっとも次の 67 で見るように、元スタート解はいつでも3兄弟というわけではありません。

67 $x^2+y^2+z^2=xyz+29$ の元スタート解 (1)(2)(3) と兄弟関係にある元スタート解を見つけよ。

(1) $(1,2,6)$　　(2) $(2,3,8)$　　(3) $(2,5,10)$

(1) $(1,2,6)$ の親は $1\times 2-6=-4$ より $(-4,1,2)$ です。$(-4,1,2)$ 等には $(-4,1,2)$ の他に $(-1,2,4)$、$(-2,1,4)$、$(-4,-2,-1)$ があります。これらの(正,正,正)となる子は、$(-1,2,4)$ から $2\times 4-(-1)=9$ より $(2,4,9)$、$(-2,1,4)$ から $1\times 4-(-2)=6$ より $(1,4,6)$ と求まります。

この「$(2,4,9)$、$(1,4,6)$」が、$(1,2,6)$ と兄弟関係にある元スタート解です。

(2) $(2,3,8)$ の親は $2\times 3-8=-2$ より $(-2,2,3)$ です。$(-2,2,3)$ 等には $(-2,2,3)$ の他に $(-3,2,2)$、$(-3,-2,-2)$ があります。これらの(正,正,正)となる子は、$(-3,2,2)$ から $2\times 2-(-3)=7$ より $(2,2,7)$ と求まります。

この「$(2,2,7)$」が、$(2,3,8)$ と兄弟関係にある元スタート解です。

(3) $(2,5,10)$ の親は $2\times 5-10=0$ より $(0,2,5)$ です。ちなみに $29=2^2+5^2$ です。$(0,2,5)$ 等には $(-2,0,5)$、$(-5,0,2)$、$(-5,-2,0)$ がありますが、これらには(正,正,正)となる子はいません。$(2,5,10)$ は兄弟がいない一人っ子です。

つまり、兄弟関係にある元スタート解は「ない」ということです。

【$x^2+y^2+z^2=xyz+29$】(p168 参照)

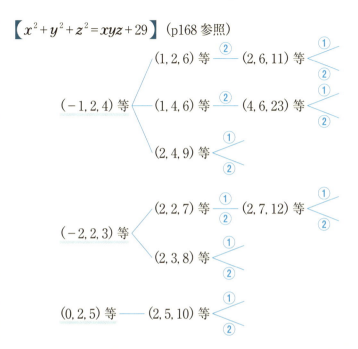

◆「新孤立解」「新スタート解」から出てくる k

ゼロや負を含めたことで、「2つの網」にかかった k の中にも、解をもつものが出てくるのでしょうか。(p137、p139 参照)

このことを確かめるには、証明を点検することになります。p136 57、p137 58 の証明の中に、「正」であることが用いられているかどうかです。結論をいうと、どこにも用いていません。「2つの網」にかかる k マルコフ方程式は、ゼロや負を含めても整数解をもたないのです。

$k>0$ ($k≠4$) の場合は、ゼロや負を含めたことで、元孤立解や元スタート解が統合されましたね。そこで新孤立解や新スタート

解から出てくる k を見てみます。家系図の途中の解から出てくる k は、スタート解から出てくる k と同じなので、調べる必要はありません。

新孤立解 $(0, 0, c)$ $(c \geq 1)$ から出てくる k は、$k = c^2$ つまり平方数です。

新スタート解 $(-c', a, b)$ $(1 \leq a \leq b、0 \leq c' \leq a)$ から出てくる k は、$k = (-c')^2 + a^2 + b^2 - (-c')ab = \underline{a^2 + b^2 + c'(ab + c')}$ です。引き算がないので、$k = a^2 + b^2 + c^2 - abc$ と比べて扱いやすいことに注目です。

> **68**
> $k = \underline{a^2 + b^2 + c'(ab + c')}$ において、$c' = 0、1、2、\cdots、a$ としてできる「k の数列」を求めよ。
> (1) $a = 1、b = 1$ (2) $a = 2、b = 3$ (3) $a = 3、b = 3$

以下において、「$a^2 + b^2$」は $c' = 0$ のときの k で、「$ab + 1$」は $c' = 1$ のときの「$c'(ab + c')$」です。

(1) $a^2 + b^2 = 2$、$ab + 1 = 2$、$0 \leq c' \leq 1$
$c' = 0$ のとき、$k = 2$
$c' = 1$ のとき、$k = 2 + 1 \cdot 2 = 4$

k の数列は「2、4」です。

(2) $a^2 + b^2 = 13$、$ab + 1 = 7$、$0 \leq c' \leq 2$
$c' = 0$ のとき、$k = 13$

$c'=1$ のとき、$k=13+1\cdot 7=20$

$c'=2$ のとき、$k=13+2\cdot 8=29$

k の数列は「13、20、29」です。

(3) $a^2+b^2=\boxed{18}$、$ab+1=\boxed{10}$、$0\leq c'\leq 3$

$c'=0$ のとき、$k=18$

$c'=1$ のとき、$k=18+1\cdot 10=28$

$c'=2$ のとき、$k=18+2\cdot 11=40$

$c'=3$ のとき、$k=18+3\cdot 12=54$

k の数列は「18、28、40、54」です。

k の数列の2項の「差」は、$(c'+1)(ab+c'+1)-c'(ab+c')$ $=(ab+1)+2c'$ です。$c'=0$、1、2、……、a としたとき、差は「$ab+1$」から2ずつ増えていき、k は「a^2+b^2」にこれらの差をたしていった数となってきます。

◆解をもたない k マルコフ方程式

解をもたない k マルコフ方程式の k ですが、p139 では網からもれた k として「1、9、16、36、46、56、81、86」の可能性にふれました。でもゼロや負を含めたことで、即座に平方数「1、9、16、36、81」を除外できました。

気になるのは残りの「46、56、86」です。これらの k は、ゼロや負を含めても出てこないのでしょうか。

> **69** $1 \leq k \leq 100$ のとき、解をもたない k マルコフ方程式の k を求めよ。

まずは k として、1 から 100 までの整数を次の 表4-1 に並べておきます。ここから解をもつ k を消していきます。

表4-1 では、あらかじめ「3 の倍数だけど 9 の倍数でない」という網と「4 でわると 3 余る」という網にかかった k を で囲んであります。これらの k では解をもたず、消えることはありません。

表 4-1

~~1~~	2	3	52	53	54	55
~~4~~	5	6	7	56	57	58	59
8	9	10	11	60	61	62	63
12	13	14	15	~~64~~	65	66	67
~~16~~	17	18	19	68	69	70	71
20	21	22	23	72	73	74	75
24	25	26	27	76	77	78	79
28	29	30	31	80	81	82	83
32	33	34	35	84	85	86	87
~~36~~	37	38	39	88	89	90	91
40	41	42	43	92	93	94	95
44	45	46	47	96	97	98	99
48	~~49~~	50	51	~~100~~			

[ⅰ] まずは 表4-1 から平方数を消します。1、4、9、16、25、36、49、64、81、100 です。これらの k では孤立解をもちます。これで 表4-1 の残りは49個となりました。

次の 表4-2 は、「a^2+b^2」と（「$ab+1$」）を表にしたものです。ただし $a>b$ や100を超えた箇所は空白のままです。

表4-2

a	a^2 \ b \ b^2	1 \ 1	2 \ 4	3 \ 9	4 \ 16	5 \ 25	6 \ 36	7 \ 49	8 \ 64	9 \ 81
1	1	2 (2)	5 (3)	10 (4)	17 (5)	26 (6)	37 (7)	50 (8)	65 (9)	82 (10)
2	4		8 (5)	13 (7)	20 (9)	29 (11)	40 (13)	53 (15)	68 (17)	85 (19)
3	9			18 (10)	25 (13)	34 (16)	45 (19)	58 (22)	73 (25)	90 (28)
4	16				32 (17)	41 (21)	52 (25)	65 (29)	80 (33)	97 (37)
5	25					50 (26)	61 (31)	74 (36)	89 (41)	
6	36						72 (37)	85 (43)	100 (49)	
7	49							98 (50)		

いよいよ、スタート解 $(-c', a, b)$ ($1 \leqq a \leqq b$、$0 \leqq c' \leqq a$) から出てくる k を 表4-1 から消していきます。

[ii] まず 表4-2 の「$a=2$ の行」に出てきた数を、表4-1 から消します。

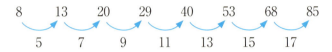

この $a=2$ の行からは、$0 \leqq c' \leqq a = 2$ から $c' = 0$、1、2 とした 3 個ずつが、「8、13、20」、「13、20、29」、……、「53、68、85」、「68、85、(104)」、「85、(104)、(125)」と出てきます。（後ほど、どこで出たかが重要になります。）出てきた数は、結果的に「$a=2$ の行」の数ばかりです。このため「$a=2$ の行」の数を全部 表4-1 から消します。これで 表4-1 の残りは 41 個となりました。表4-2 の方では、この「$a=2$ の行」を消しておきます。

[iii] 次に 表4-2 の「 で囲んだ箇所」から出てくる数を 表4-1 から消していきます。これらは $c' \geqq 2$ とすると、k が 100 を超えるようなものばかりです。

$c' = 0$ とした「a^2+b^2」の 1 個だけ、つまり「a^2+b^2」に「$ab+1$」をたすと 100 を超える数は以下の 9 個です。

90、80、97、74、89、72、85、100、98

$c' = 0$、1 とした 2 個だけ、つまり「a^2+b^2」に「$ab+1$」をたすと 100 以下だが、「$(ab+1)+2$」をたすと 100 を超えるのは以下の通りです。$c' = 0$、1 として、次の 14 個が出てきます。

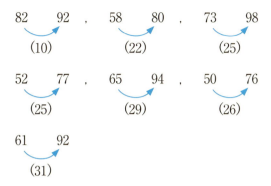

以上 $9+14=23$ 個の中で、85、100 の 2 個はすでに消されています。また 80、98、92 の 3 個は重複しています。このため新たに $(9+14)-2-3=18$ 個が消え、表 4-1 の残りは $41-18=23$ 個となりました。

目標は、表 4-2 から出てくる 100 以下の k を表 4-1 から消していき、残った数を見つけることです。つまり、全部消す必要があるのは表 4-2 の方です。今のところ表 4-2 から、「$a=2$ の行」と「 で囲んだ箇所」が消えました。

[iv] 次に「$a=4$ の行」を見ていきます。$0 \leq c' \leq a=4$ です。$c'=0、1、2、3、4$ としますが、もちろん 100 を超えたら止めます。

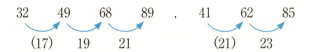

この中で、49、68、89、85 の 4 個はすでに消えています。このため新たに $7-4=3$ 個が消えて、表 4-1 の残りは $23-3=20$ 個となりました。

[ⅴ] 今度は「$a=3$ の行」を見ていきます。$0 \leq c' \leq a=3$ から $c'=0$、1、2、3 とした 4 個ずつを出していきます。もちろん 100 を超えたら止めます。

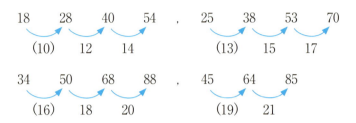

この中で、40、25、53、50、68、64、85 の 7 個はすでに消えています。このため新たに 15−7＝8 個が消え、表 4-1 の残りは 20−8＝12 個となりました。

[ⅵ] 最後は大量にある「$a=1$ の行」です。$0 \leq c' \leq a=1$ から $c'=0$、1 とした 2 個ずつを出していきます。

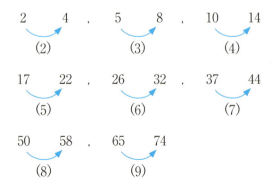

この中で、4、8、32、50、58、65、74の7個はすでに消えています。このため新たに16−7＝9個が消え、表4-1の残りは12−9＝3個となりました。最後まで消えずに残ったのは「46、56、86」の3個だけです。

> $1 \leq k \leq 100$ でkマルコフ方程式が整数解をもたないのは、2つの網にかかったk（表4-1で「◯で囲んだ数」）と$k = 46、56、86$のとき

◆「$k > 0$（$k \neq 4$）」のkマルコフ解の家系図

$1 \leq k \leq 100$の範囲で、解をもたないkマルコフ方程式のkを見つけてきました。じつは、このとき同時に$1 \leq k \leq 100$（$k \neq 4$）のスタート解も見つけたことになります。

たとえば$k = 5$のスタート解を見つけましょう。ちなみに5は平方数でないため孤立解はありません。さらにスタート解は$(0, 1, 2)$等の1つだけです。$k = 5$は「$a = 1$の行」で1回出てきただけだからです。

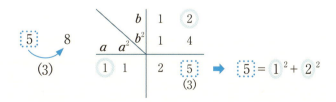

1回しか出ないとなると、スタート解は1つだけです。そのスタート解が$c' = 0$の$(0, 1, 2)$であることは、表4-2で5をa^2と

b^2 にもどした「$5=1^2+2^2$」から分かります。（p168 参照）

次に $k=13$ のスタート解を見つけます。$k=13$ は「$a=2$ の行」で2回出てきただけです。ちなみに $a=2$ の行は分けて書かれていませんが、$0 \leqq c' \leqq a=2$ から $c'=0$、1、2とした3個ずつが k として出てきます。

上記を見てみると、左の「8　13　20」では13が2つ目なので、$c'=0$ ではなく $c'=1$ の $(-1, 2, 2)$ が $k=13$ のスタート解です。$(-1, 2, 2)$ の「-1」は $-c'=-1$ から、「2、2」は「8　13　20」の始まりの8の「$8=2^2+2^2$」からきています。

また右の「13　20　29」では13が1つ目なので、$c'=0$ の $(0, 2, 3)$ が $k=13$ のスタート解です。$(0, 2, 3)$ の「0」は $-c'=0$ から、「2、3」は「13　20　29」の始まりの13の「$13=2^2+3^2$」からきたものです。

$k=13$ のスタート解は、この $(-1, 2, 2)$ 等と $(0, 2, 3)$ 等だけです。スタート解さえ確定すれば、家系図を作ることは簡単なことです。（p168 参照）

今度は $k=2$ のスタート解です。$k=2$ は「$a=1$ の行」で1回出てきただけです。

4章 ◆ kマルコフ解の拡張

(2)

$c'=0$ の $(0,1,1)$ だけが $k=2$ のスタート解です。$(0,1,1)$ の「1, 1」は「$2=1^2+1^2$」からです。$(0,1,1)$ の子は $(1,1,1)$ ですが、これは元孤立解です。$k=2$ の家系図は $(0,1,1)$ 等の後に $(1,1,1)$ 等が続き、これにて完了となります。（p168 参照）

最後に $k=1$、9、16、36、81 の場合をまとめて見てみます。これらは孤立解 $(0,0,1)$、$(0,0,3)$、$(0,0,4)$、$(0,0,6)$、$(0,0,9)$ をもち（これで1回出たことから）表4-1 で最初に消しました。しかもその後の考察では、これらの k は 2 度と出てきません。つまり、これらは孤立解しかもたないのです。（p168 参照）

次ページの 表4-3 は、$1 \leq k \leq 100$ の k マルコフ方程式の孤立解 $(0,0,c)$ $(c \geq 1)$ とスタート解 $(-c', a, b)$ $(1 \leq a \leq b, 0 \leq c' \leq a)$ です。ただし、「等」は省略しています。$k=4$ は例外的なので、p152 の新家系図で確認してください。

167

表 4-3 孤立解とスタート解

※「等」は省略 ※ (0, 0, □) は孤立解

$k=1$ (0, 0, 1)	$k=52$ (0, 4, 6)
$k=2$ (0, 1, 1)	$k=53$ (−2, 2, 5)、(−1, 2, 6)、(0, 2, 7)、(−2, 3, 4)
$k=4$ p152 参照	$k=54$ (−3, 3, 3)
$k=5$ (0, 1, 2)	$k=58$ (0, 3, 7)、(−1, 1, 7)
$k=8$ (0, 2, 2)、(−1, 1, 2)	$k=61$ (0, 5, 6)
$k=9$ (0, 0, 3)	$k=62$ (−1, 4, 5)
$k=10$ (0, 1, 3)	$k=64$ (0, 0, 8)、(−1, 3, 6)
$k=13$ (−1, 2, 2)、(0, 2, 3)	$k=65$ (0, 4, 7)、(0, 1, 8)
$k=14$ (−1, 1, 3)	$k=68$ (−2, 2, 6)、(−1, 2, 7)、(0, 2, 8)、(−2, 4, 4)、(−2, 3, 5)
$k=16$ (0, 0, 4)	$k=70$ (−3, 3, 4)
$k=17$ (0, 1, 4)	$k=72$ (0, 6, 6)
$k=18$ (0, 3, 3)	$k=73$ (0, 3, 8)
$k=20$ (−2, 2, 2)、(−1, 2, 3)、(0, 2, 4)	$k=74$ (0, 5, 7)、(−1, 1, 8)
$k=22$ (−1, 1, 4)	$k=76$ (−1, 5, 5)
$k=25$ (0, 0, 5)、(0, 3, 4)	$k=77$ (−1, 4, 6)
$k=26$ (0, 1, 5)	$k=80$ (0, 4, 8)、(−1, 3, 7)
$k=28$ (−1, 3, 3)	$k=81$ (0, 0, 9)
$k=29$ (−2, 2, 3)、(−1, 2, 4)、(0, 2, 5)	$k=82$ (0, 1, 9)
$k=32$ (0, 4, 4)、(−1, 1, 5)	$k=85$ (−2, 2, 7)、(−1, 2, 8)、(0, 2, 9)、(0, 6, 7)、(−2, 4, 5)、(−2, 3, 6)
$k=34$ (0, 3, 5)	$k=88$ (−3, 3, 5)
$k=36$ (0, 0, 6)	$k=89$ (0, 5, 8)、(−3, 4, 4)
$k=37$ (0, 1, 6)	$k=90$ (0, 3, 9)
$k=38$ (−1, 3, 4)	$k=92$ (−1, 1, 9)、(−1, 5, 6)
$k=40$ (−2, 2, 4)、(−1, 2, 5)、(0, 2, 6)、(−2, 3, 3)	$k=94$ (−1, 4, 7)
$k=41$ (0, 4, 5)	$k=97$ (0, 4, 9)
$k=44$ (−1, 1, 6)	$k=98$ (0, 7, 7)、(−1, 3, 8)
$k=45$ (0, 3, 6)	$k=100$ (0, 0, 10)、(0, 6, 8)
$k=49$ (0, 0, 7)、(−1, 4, 4)	
$k=50$ (0, 5, 5)、(−1, 3, 5)、(0, 1, 7)	

15 「kが負」のkマルコフ解の家系図

「チェンジ」するなら期待も持てるけど……

◆k<0のときの「2種類のスタート解」

$k<0$ のときは、ゼロや負を含めても家系図はほとんど変わりません。スタート解は同じで、孤立解もこれまで通りありません。元家系図に単に「等」をつけるだけです。ここでは、その元スタート解 (a,b,c) $(1\leq a\leq b\leq c)$ を振り返ってみましょう。

70 k マルコフ解 (a,b,c) $(1\leq a\leq b\leq c)$ について、次を示せ。

「$a<3$ ならば $k>0$」

$a=1$ のとき、$k=1+b^2+c^2-bc=(b-c)^2+bc+1\geq 2>0$

$a=2$ のとき、$k=4+b^2+c^2-2bc=(b-c)^2+4\geq 4>0$

$k\leq 1$、特に $k<0$ では、$(1,b,c)$、$(2,b,c)$ という解はもたないのです。($k=1$ は p168 表4-3 参照、$k=0$ は p117 図3-1 参照)

$k<0$ のとき、

k マルコフ解 (a,b,c) $(1\leq a\leq b\leq c)$ は「$a\geq 3$」

$k<0$ のとき、スタート解 (a,b,c) $(3\leq a\leq b\leq c)$ は、「単独スタート解」と「コンビを組んだスタート解」のどちらになるのでしょうか。

まずは「$k<0$ のときは原則としてコンビを組んでスタートするのに、何らかの事情で相棒がいないのが単独スタート解ではないか」という想定の下で見直してみましょう。

$k<0$ のとき、スタート解 (a,b,c) では「$ab-c>b$」です。このコンビの相棒の候補は、$ab-c=c'$ と置いたときの (a,b,c') です。$ab-c>b$ から「$c'>b$」、つまり「$3≦a≦b<c'$」です。

さて、この (a,b,c') がコンビの相棒として不適格なのは、どういう場合でしょうか。

まずは (a,b,c') がスタート解でない、つまり (a,b,c') に親がいる場合です。それは $ab-c'=c≦b$、つまり「$b=c$」の場合です。スタート解 $(a,b,c)=(a,b,b)$ で、このとき (a,b,c') は子の兄の方です。$(b^2-a≧)ab-b≧3b-b=2b>b$ から、子の条件は満たしています。

$$(a,b,b) \begin{array}{c} ①(a,b,ab-b) \\ ②(b,b,b^2-a) \end{array} \quad (3≦a<b)$$

$$(a,a,a) \xrightarrow{①②} (a,a,a^2-a) \quad (3≦a)$$

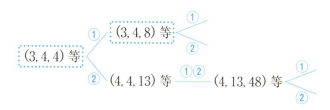

次に (a,b,c') が（スタート解だけど）自分自身の (a,b,c) と一致してしまう場合です。$(a,b,c')=(a,b,c)$ から、「$ab-c=c$」つまり「$2c=ab$」の場合です。

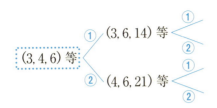

k によって、「単独スタート解」と「コンビを組んだスタート解」のどちらか一方だけが出てくるわけではありません。たとえば $k=-32$ では、「$(3,6,7)$ と $(3,6,11)$」はコンビを組んだスタート解で、$(4,4,8)$ は単独スタート解です。

（例）$k=-32$

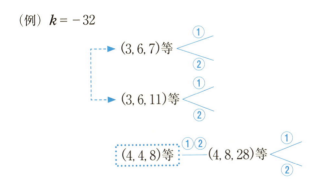

$k<0$ のとき、
  (a, b, c) $(3 \leq a \leq b \leq c)$ が単独スタート解となるのは、
  （ⅰ）「$b=c$」のとき （ⅱ）「$2c=ab$」のとき

◆「単独スタート解」をもつ k

$k<0$ のとき、単独スタート解をもつ k を見てみましょう。ち

なみに、単独スタート解しかもたない k ではありません。

まずは、(ⅰ)「$b=c$」のときです。

71 $-100 \leq k \leq -1$ のとき、単独スタート解 (a, b, b) ($3 \leq a \leq b$) をもつ k マルコフ方程式の k を求めよ。

まず「$a \leq 5$」です。$6 \leq a \leq b$ では $k = a^2 + 2b^2 - ab^2 \leq 3b^2 - 6b^2 = -3b^2 \leq -108$ だからです。

$3 \leq a \leq 5$ では、以下の通りです。

「$a=3$、$11 \leq b$」のときは、$k = 9 - b^2 \leq -112$

「$a=4$、$8 \leq b$」のときは、$k = 16 - 2b^2 \leq -112$

「$a=5$、$7 \leq b$」のときは、$k = 25 - 3b^2 \leq -122$

このため「$a=3$、$3 \leq b \leq 10$」、「$a=4$、$4 \leq b \leq 7$」、「$a=5$、$5 \leq b \leq 6$」の場合だけを確認すればよいことになります。

「$a=3$、$3 \leq b \leq 10$」 $k = 9 - b^2$

$k=0$ ($b=3$)、$k=-7$ ($b=4$)、$k=-16$ ($b=5$)、$k=-27$ ($b=6$)、$k=-40$ ($b=7$)、$k=-55$ ($b=8$)、$k=-72$ ($b=9$)、$k=-91$ ($b=10$)、

「$a=4$、$4 \leq b \leq 7$」 $k = 16 - 2b^2$

$k=-16$ ($b=4$)、$k=-34$ ($b=5$)、$k=-56$ ($b=6$)、$k=-82$ ($b=7$)

「$a=5$、$5 \leq b \leq 6$」 $k = 25 - 3b^2$

$k=-50$ ($b=5$)、$k=-83$ ($b=6$)

以上から、(ⅰ)「$b=c$」となる k は次の通りです。

> $k = -7$、-16、-27、-34、-40、-50、
> -55、-56、-72、-82、-83、-91
>
> ...(ⅰ)

今度は、(ⅱ)「$2c = ab$」の場合です。

p171 で見てみた $(3, 4, 6)$ は「$2 \times 6 = 3 \times 4$」、$(4, 4, 8)$ は「$2 \times 8 = 4 \times 4$」となっています。

まず「$c \geq 6$」です。$c = 3$、4、5 のとき「$2c = ab$」は、「$6 = ab$」、「$8 = ab$」、「$10 = ab$」ですが、これをみたす整数 a、b（$3 \leq a \leq b$）は存在しないからです。

後ほど p176 73 で「$c \geq 15$」の場合を見ていくことにして、次の 72 では $6 \leq c \leq 15$ の場合を見てみます。

72 次の場合に、「$2c = ab$」となる k マルコフ解 (a, b, c)（$3 \leq a \leq b \leq c$）と、そのときの k の値を求めよ。

(1) $c = 7$ (2) $c = 11$ (3) $c = 13$
(4) $c = 6$ (5) $c = 8$ (6) $c = 10$
(7) $c = 9$ (8) $c = 12$ (9) $c = 15$

このとき k は、$k = a^2 + b^2 + c^2 - 2c \cdot c = a^2 + b^2 - c^2$ です。

[ⅰ] (1)(2)(3) の c は素数です。

「$2c = a \times b$」と分解しようにも、$a \geq 3$ なので「$2c = 1 \times 2c$」（$a = 1$）とも「$2c = 2 \times c$」（$a = 2$）ともできません。つまり (1)(2)(3) のような解は存在しないのです。

[ⅱ] (4)(6) の c は「$2 \times$ 素数」で、(5) の $c = 8$ も 2 数の積への分解は（1×8 を除けば）2×4 だけです。

$c=2c'$ とおくと、$a \geq 3$ なので「$2c = 1 \times 4c'$」($a=1$) とも「$2c = 2 \times 2c'$」($a=2$) ともできず、「$2c = 4 \times c'$」($a=4$) となります。

$$\underset{c}{2 \times 2} \times c' = \underset{ab}{4 \times c'}$$

(4) の $c = 6 \, (2 \times 3)$ では、「$2 \times 6 = 4 \times 3$」から $(3, 4, 6)$ となります。このとき $k = -11$ です。

$$\underset{c}{2 \times 2} \times 3 = \underset{ab}{4 \times 3}$$

(5) の $c = 8 \, (2 \times 4)$ では、「$2 \times 8 = 4 \times 4$」から $(4, 4, 8)$ となります。このとき $k = -32$ です。

$$\underset{c}{2 \times 2} \times 4 = \underset{ab}{4 \times 4}$$

(6) の $c = 10 \, (2 \times 5)$ では、「$2 \times 10 = 4 \times 5$」から $(4, 5, 10)$ となります。このとき $k = -59$ です。

$$\underset{c}{2 \times 2} \times 5 = \underset{ab}{4 \times 5}$$

[iii] (7) (8) (9) の c は、その他の場合です。

まず (7) の $c = 9$ は、(1×9 を除けば) 3×3 だけです。$2c$ の「2」は 3 にかけるしかありません。「$2 \times 9 = 6 \times 3$」から $(3, 6, 9)$ となります。このとき $k = -36$ です。

$$\underset{c}{2 \times 3} \times 3 = \underset{ab}{6 \times 3}$$

これに対して(8)の $c=12$ は、($1\times c$ を除けば) 2×6、3×4 と 2 通りあります。$a\geq 3$ とするため、$2c$ の「2」は 2×6 では 2 にかけるしかありません。3×4 では 3 でも 4 でもよいのですが、3 にかけたのでは 6×4 となり、2×6 から出てきた 4×6 と同じになります。新たには、4 にかける方からしか出てきません。

$12=2\times 6$ つまり「$2\times 12=4\times 6$」からは $(4,6,12)$ となります。このとき $k=-92$ です。

$$\underset{\underset{c}{\underline{}}}{2\times 2}\times 6=\underset{\underset{ab}{\underline{}}}{4\times 6}$$

$12=3\times 4$ つまり「$2\times 12=3\times 8$」からは $(3,8,12)$ となります。このとき $k=-71$ です。

$$2\times\underset{\underset{c}{\underline{}}}{3\times 4}=\underset{\underset{ab}{\underline{}}}{3\times 8}$$

(9)の $c=15$ は、($1\times c$ を除けば) 3×5 しかありません。でも 3 も 5 も 3 以上です。このため「(4) 2×3」や「(6) 2×5」とは異なり、$2c$ の「2」は 3、5 のどちらにかけてもよいのです。

「2」を 3 にかけた「$2\times 15=6\times 5$」からは $(5,6,15)$ となります。このとき $k=-164$ です。

$$2\times\underset{\underset{c}{\underline{}}}{3\times 5}=\underset{\underset{ab}{\underline{}}}{6\times 5}$$

「2」を 5 にかけた「$2\times 15=3\times 10$」からは $(3,10,15)$ となります。このとき $k=-116$ です。

$$2\times 3\times 5 = 3\times 10$$
$$cab$$

これで72は終了ですが、紙面の都合で $c=14$ が抜けています。$14=2\times 7$ で、(4)(6)と同じ「2×素数」です。$a\geqq 3$ なので「2」は2にかけるしかなく、「$2\times 14=4\times 7$」から $(4,7,14)$ となり、このとき $k=-131$ です。

$$2\times 2\times 7 = 4\times 7$$
$$cab$$

73 「$2c=ab$」である k マルコフ解 (a,b,c) $(3\leqq a\leqq b\leqq c)$ について、「$c\geqq 15$ のとき $k\leqq -116(<-100)$」を示せ。

（注：72 (9) の $c=15$ では、$k=-164$、-116 です。）

「$2c=ab$」から $k=a^2+b^2+c^2-2c\cdot c=a^2+b^2-c^2$ です。これに $b=\dfrac{2c}{a}$ を代入します。（$c\,(\geqq 15)$ を固定して考えます）

$$k=a^2+b^2-c^2$$
$$=a^2+\frac{4c^2}{a^2}-c^2$$

ここで $k(a)=a^2+\dfrac{4c^2}{a^2}-c^2$ と置き、$k(a)$ の最大値を求めます。a の変域は、$a^2\leqq ab=2c$ から $a\leqq \sqrt{2c}$ です。（$c\geqq 15$）

$$k(a)=a^2+\frac{4c^2}{a^2}-c^2 \quad (3\leqq a\leqq \sqrt{2c})$$

$k(a)$ を a について微分します。

$$k'(a) = 2a - \frac{8c^2}{a^3}$$
$$= \frac{2a^4 - 8c^2}{a^3}$$
$$= \frac{2(a^2 - 2c)(a^2 + 2c)}{a^3}$$
$$= \frac{2(a - \sqrt{2c})(a + \sqrt{2c})(a^2 + 2c)}{a^3}$$

$3 \leq a \leq \sqrt{2c}$ のとき $k'(a) \leq 0$ となり、$k(a)$ が減少することから、$(3 \leq a \leq \sqrt{2c}$ では$)$ $a=3$ のとき最大値 $k = 9 + \frac{4c^2}{9} - c^2 = -\frac{5c^2}{9} + 9$ です。与えられた c に対して $a=3$ の解はないかもしれませんが、k がこの最大値を超えることはありません。

$c \geq 15$ のとき $k \leq -\frac{5 \times 15^2}{9} + 9$、つまり $k \leq -116$ です。

72 73 から、(ⅱ)「$2c = ab$」となる $k (\geq -100)$ は次の通りです。

$k = -11、-32、-36、-59、-71、-92$ ⋯(ⅱ)

(ⅰ)「$b=c$」、(ⅱ)「$2c=ab$」を合わせると、次の通りです。

$-100 \leq k \leq -1$ のとき、
単独スタート解をもつ k マルコフ方程式は、
$k = -7、-11、-16、-27、-32、-34、$
$-36、-40、-50、-55、-56、-59、$
$-71、-72、-82、-83、-91、-92$

16

「未解決問題」が即解決する k マルコフ方程式

とりあえず、解決例を探すことにしよう！

◆「$k>0$」での解決例（その1）

$k=4$、5のときは、「未解決問題」に相当する問題が即解決しました。じつは $k>0$ のとき、そんな k マルコフ方程式は、無数に見つかるのです。

これから、その例を見ていきましょう。

$k>0$ のときは、元スタート解同士が兄弟と判明し、同一の親の下に統合されることがありました。その際、何と元スタート解同士で見つかっていたのです。次の例では、$c=7$ の解 $(1,3,7)$、$(1,4,7)$ が見つかります。（p155参照）

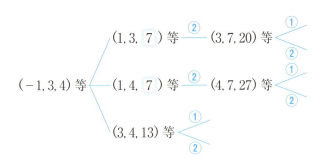

それではスタート解を $(-c', a, b)$ 等とし、$c' \neq 0$ つまり $1 \leq c' \leq a \leq b$ の場合を見てみましょう。

$(-c', a, b)$ 等には $(-a, c', b)$、$(-b, c', a)$ があり、元スタート解は次のようになっています。ちなみに $(-b, -a, -c')$ もありますが、これからは元スタート解は出てきません。

$$(-c', a, b) \text{ 等} \longleftarrow \begin{array}{l} (a, b, ab+c') \text{ 等} \quad \cdots \text{(a)} \\ (c', b, c'b+a) \text{ 等} \quad \cdots \text{(b)} \\ (c', a, c'a+b) \text{ 等} \quad \cdots \text{(c)} \end{array}$$

$$\begin{array}{l} (-a, c', b) \\ (-b, c', a) \end{array}$$

> **74**
> $1 \leq c' \leq a \leq b$ のとき、次の(1)(2)(3)のいずれかとなる条件を求めよ。
>
> (1) $a \neq c'$ かつ $ab+c' = c'b+a$ ((a)と(b))
>
> (2) $a \neq b$ かつ $c'b+a = c'a+b$ ((b)と(c))
>
> (3) 「$a \neq c'$ または $a \neq b$」かつ $ab+c' = c'a+b$
>
> ((a)と(c))

まずは別々に求めていき、後でまとめましょう。

(1) $ab+c' = c'b+a$ から $(b-1)(a-c') = 0$ となり、$a \neq c'$ から $b=1$ ですが、これはありえません。$1 \leq c' \leq a \leq b = 1$ から $a = c' (=1)$ となってしまうからです。

(2) $c'b+a = c'a+b$ から $(c'-1)(b-a) = 0$ となり、$a \neq b$ から $c'=1$、つまり「$1 = c' \leq a < b$」となります。

(3) $ab+c' = c'a+b$ から $(a-1)(b-c') = 0$ ですが、ここで $b \neq c'$ です。もし $b = c'$ なら、$1 \leq c' \leq a \leq b = c'$ より $c' = a = b$、つまり「$a = c'$ かつ $a = b$」となってしまうからです。

$b \neq c'$ から $a - 1 = 0$ つまり $a = 1$ ですが、さらに $1 \leq c' \leq a = 1$ から $c' = a (=1)$ となり、「$a \neq c'$ または $a \neq b$」から $a \neq b$ となります。つまり「$1 = c' = a < b$」となり、これは(2)の

「$1=c'≦a<b$」の特別な場合です。

以上から(1)(2)(3)のいずれかとなる条件は、「$1=c'≦a<b$」となります。

このとき、$k=(-1)^2+a^2+b^2-(-1)ab=a^2+ab+b^2+1$です。これらの k では「$(-1,a,b)$ 等」である $(-a,1,b)$、$(-b,1,a)$ の子 $(1,b,a+b)$、$(1,a,a+b)$、つまり元スタート解同士で $c=a+b$ が等しくなっています。

$k=a^2+ab+b^2+1$ $(1≦a<b)$ の k マルコフ方程式は、
$c=a+b$ の解 $(1,a,a+b)$、$(1,b,a+b)$ をもつ

〔$a=1$、$b=2$〕 $k=1^2+1×2+2^2+1=8$
　　$x^2+y^2+z^2=xyz+8$ 　　$(1,1,3)$、$(1,2,3)$

〔$a=1$、$b=3$〕 $k=1^2+1×3+3^2+1=14$
　　$x^2+y^2+z^2=xyz+14$ 　　$(1,1,4)$、$(1,3,4)$

〔$a=1$、$b=4$〕 $k=1^2+1×4+4^2+1=22$
　　$x^2+y^2+z^2=xyz+22$ 　　$(1,1,5)$、$(1,4,5)$

〔$a=2$、$b=3$〕 $k=2^2+2×3+3^2+1=20$
　　$x^2+y^2+z^2=xyz+20$ 　　$(1,2,5)$、$(1,3,5)$

◆「$k>0$」での解決例（その2）

k マルコフ「解」は、ゼロや負の整数を含めました。でも k マルコフ「数」は、これまで通り正の整数とします。

4マルコフ数や5マルコフ数は、すべての正の整数でした。これは$k=4$、5だけの珍しい現象ではありません。じつは、$5=2^2+1^2$から$k=2^2+n^2(n≧1)$へと、あっけなく一般化されるのです。このため$k=2^2+n^2$の場合も、未解決問題は即解決することになります。($n=0$の$4=2^2+0^2$も即解決しました。)

そもそも$k=4$、5では、解を見つけようと持ちかけるのはお勧めしませんでしたね。$a=2$の解$(2,b,c)$ $(2≦b≦c)$に着目した瞬間、解が無数に見つかったからです。

$k=2^2+n^2(n≧1)$でも事情は全く同じです。このことに気づいた瞬間、解が無数に見つかってしまうのです。

> **75** $k=2^2+n^2(n≧1)$のとき、$a=2$のkマルコフ解$(2,b,c)$ $(2≦b≦c)$を求めよ。

$5=2^2+1^2$のときの「1」を「n」にするだけです。
$$2^2+b^2+c^2=2bc+2^2+n^2$$
$$b^2-2bc+c^2=n^2$$
$$(c-b)^2=n^2$$
$$c≧b \quad より \quad c-b=n$$
$$c=b+n$$

求まったkマルコフ解は$(2,b,b+n)$ $(2≦b)$です。

ついでながら$b=1$のときは$c=1+n$で、kマルコフ解は「2、1、$n+1$」を並べかえた$(1,2,n+1)$です。$(1,2,n+1)$は75で問われている$a=2$の解ではありませんが、同じkのkマルコフ解です。

それでは、$k=2^2+n^2(n\geq 1)$ のときの k マルコフ「数」を見てみましょう。

まず「1」は $(1,2,n+1)$ に現れています。2以上の整数は、$(2,b,b+n)(2\leq b)$ の $y=b$ に現れています。つまり $k=2^2+n^2$ $(n\geq 1)$ のときの k マルコフ数は、すべての正の整数です。このとき p110 とほぼ同様に、未解決問題は即解決します。なお $n=0$ とした $k=2^2+0^2=4$ の4マルコフ数も、すべての正の整数でした。

$$k=2^2+n^2(n\geq 0) \text{ のとき、}$$
$$k \text{ マルコフ数はすべての正の整数}$$

◆「$k=2^2+n^2$」の k マルコフ解の家系図

$k=2^2+n^2(n\geq 1)$ の家系図で、解 $(2,b,b+n)(2\leq b)$ がどのように現れてくるのかを見てみましょう。(適宜「等」は省略)

【$n=1$ のとき、$k=2^2+1^2=5$】

$a=2$ の解 $(2,b,b+n)$ は $(2,b,b+1)$ で、$(2,2,3)$、$(2,3,4)$、$(2,4,5)$、$(2,5,6)$、$(2,6,7)$、……です。

これらの親をたどっていくと、どれも同一の親 $(0,1,2)$ にたどり着きます。$k=5$ のスタート解は $(0,1,2)$ だけです。(p168 参照)

$$(0,1,2) - (1,2,2) \xrightarrow{②} (2,2,3) \xrightarrow{①②} (2,3,4) \begin{matrix} \nearrow^① (2,4,5) \begin{matrix} \nearrow^① (2,5,6) \\ \searrow_② \end{matrix} \\ \searrow_② \end{matrix}$$

$(2, b, b+1)$ の子の兄の方は、$2(b+1)-b=b+2$ から $(2, b+1, b+2)$ です。$z=b+1$ から $z=b+2$ へと、$5=2^2+1^2$ の $n=1$ だけ増えています。

【$n=2$ のとき、$k=2^2+2^2=8$】

$a=2$ の解 $(2, b, b+n)$ は $(2, b, b+2)$ で、$(2, 2, 4)$、$(2, 3, 5)$、$(2, 4, 6)$、$(2, 5, 7)$、$(2, 6, 8)$、……です。

これらの親をたどっていくと、$(-1, 1, 2)$ と $(0, 2, 2)$ のどちらかにたどり着きます。ちなみに $k=8$ のスタート解は $(-1, 1, 2)$、$(0, 2, 2)$ です。（p153、p154、p168 参照）

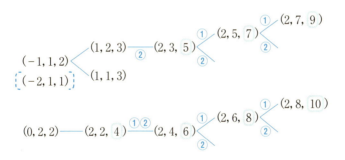

$(2, b, b+2)$ の子の兄の方は、$2(b+2)-b=b+4$ から $(2, b+2, b+4)$ です。$z=b+2$ から $z=b+4$ へと、$8=2^2+2^2$ の $n=2$ だけ増えています。このため2つの解 $(2, 2, 4)$、$(2, 3, 5)$ から兄ばかりたどることで、すべての $(2, b, b+2)$ つまり $(2, 2, 4)$、$(2, 3, 5)$、$(2, 4, 6)$、$(2, 5, 7)$、$(2, 6, 8)$、……が互い違いに現れるのです。

【$n=3$ のとき、$k=2^2+3^2=13$】

$a=2$ の解 $(2, b, b+n)$ は $(2, b, b+3)$ で、$(2,2,5)$、$(2,3,6)$、$(2,4,7)$、$(2,5,8)$、$(2,6,9)$、……です。

これらの親をたどっていくと、$(-1,2,2)$ 等の $(-1,2,2)$、$(-2,1,2)$ もしくは $(0,2,3)$ のいずれかにたどり着きます。ちなみに $k=13$ のスタート解は $(-1,2,2)$、$(0,2,3)$ です。（p168参照）

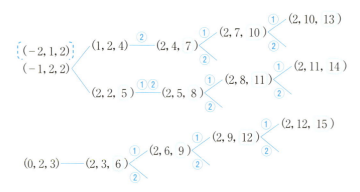

$(2, b, b+3)$ の子の兄の方は、$2(b+3)-b=b+6$ から $(2, b+3, b+6)$ です。$z=b+3$ から $z=b+6$ へと、$13=2^2+3^2$ の $n=3$ だけ増えています。このため 3 つの解 $(2,2,5)$、$(2,3,6)$、$(2,4,7)$ から兄ばかりたどることで、すべての $(2, b, b+3)$ つまり $(2,2,5)$、$(2,3,6)$、$(2,4,7)$、$(2,5,8)$、$(2,6,9)$、……が順々に現れてくるのです。

◆$(2, 2, c)$ を解にもつ k マルコフ方程式

p133 で $(2,2,c)$ $(c≧3)$ を解にもつ k マルコフ方程式を見てみ

4章 ◆ kマルコフ解の拡張

ました。$k=(c-2)^2+2^2$ で $n=c-2$ とおくと、$k=n^2+2^2$ です。つまりこの解の中には $(2, b, b+n)$ $(2 \leq b)$ があるのです。

$(2, b, b+n)$ の子の兄の方は、$2(b+n)-b=b+2n$ から $(2, b+n, b+2n)$ です。$z=b+n$ から $z=b+2n$ へと、$k=2^2+n^2$ の n だけ増えています。このため n 個の解 $(2, 2, 2+n)$、$(2, 3, 3+n)$、……、$(2, n, n+n)$、$(2, n+1, (n+1)+n)$ から兄ばかりたどることで、すべての $(2, b, b+n)$ が現れてくるのです。なぜ多くの元スタート解をもったのか、これで納得ですね。ちなみに $(2, n+1, (n+1)+n)$ は、$b=1$ のときの「2、1、$n+1$」を並べかえた $(1, 2, n+1)$ の子の弟の方で、$2(n+1)-1=2n+1=(n+1)+n$ となっています。

p134で、元スタート解の追加例としてあげた $(1, c-3, c-1)$ $(c \geq 6)$ のタネは、じつはこの $(1, 2, n+1)$ です。$n=c-2$ から $(1, 2, n+1)=(1, 2, c-1)$ で、この親は $1 \times 2-(c-1)=-(c-3)$ から $(-(c-3), 1, 2)$ です。$(-(c-3), 1, 2)$ 等には $(-2, 1, c-3)$ があり、この子として $1 \times (c-3)-(-2)=c-1$ から $(1, c-3, c-1)$ が出てくるのです。

◆「k<0」での解決例

$k<0$ のときは、ゼロや負を含めても家系図は変わりません。このため、未解決問題の難しさもそのままです。

次ページの例は、たまたま見つかったものです。ただし、これらの家系図は未完成の可能性があります。

【 $x^2+y^2+z^2=xyz-10$ 】

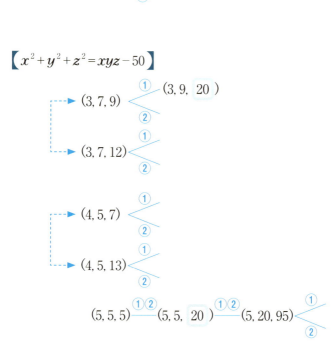

【 $x^2+y^2+z^2=xyz-50$ 】

コラム Ⅳ　美しい等式(3)

まずは、次の等式を見てみましょう。

> (1)　$1^2 \cdot 2^2 \cdot 3^2 = \dfrac{1}{4}(2^2-1)(7^2-1)$
>
> (2)　$2^2 \cdot 3^2 \cdot 4^2 = \dfrac{1}{4}(3^2-1)(17^2-1)$
>
> (3)　$3^2 \cdot 4^2 \cdot 5^2 = \dfrac{1}{4}(4^2-1)(31^2-1)$

では、次の□に当てはまる数は何でしょうか。

> $4^2 \cdot 5^2 \cdot 6^2 = \dfrac{1}{4}(5^2-1)(□^2-1)$

これらのタネは、p214 81 で見ていく $]n[= (《n》)^2 - 1$ です。($《n》$ は p211 80 参照) 問題は m と n を何にしたら、$\dfrac{1}{4}(《m》^2-1)(《n》^2-1)$ から「$(b-1)^2 b^2 (b+1)^2$」が出てくるかです。

じつは、$m=1$、$n=2$ とします。

$$(《1》^2-1=)(b^2-1)=(b-1)(b+1)$$
$$(《2》^2-1=)\{(2b^2-1)^2-1\}=(b-1)(b+1)(2b)^2$$

この2式から (左辺と右辺を入れかえると) 次が出てきます。

$$4(b-1)^2 \cdot b^2 \cdot (b+1)^2 = (b^2-1)\{(2b^2-1)^2-1\}$$

$$(b-1)^2 \cdot b^2 \cdot (b+1)^2 = \dfrac{1}{4}(b^2-1)\{(2b^2-1)^2-1\}$$

もちろんこの等式は、(p214 81を用いなくても) 単なる恒等式です。$b=5$ のときは、$2b^2-1=49$ となり □ $=49$ です。

今度は $m=2$、$n=3$ とすると、同様にして次の等式が出てきます。

$$4b^2(b-1)^2(b+1)^2(2b-1)^2(2b+1)^2$$
$$=\{(2b^2-1)^2-1\}\{(4b^3-3b)^2-1\}$$

$$(b-1)^2b^2(b+1)^2(2b-1)^2(2b+1)^2$$
$$=\frac{1}{4}\{(2b^2-1)^2-1\}\{(4b^3-3b)^2-1\}$$

ここで、$(2b-1)=(b-1)+b$、$(2b+1)=b+(b+1)$ に着目すると、$b=3$、4、5 では次のようになっています。

$$2^2 \cdot 3^2 \cdot 4^2 \cdot (2+3)^2 \cdot (3+4)^2 = \frac{1}{4}(17^2-1)(99^2-1)$$
$$3^2 \cdot 4^2 \cdot 5^2 \cdot (3+4)^2 \cdot (4+5)^2 = \frac{1}{4}(31^2-1)(244^2-1)$$
$$4^2 \cdot 5^2 \cdot 6^2 \cdot (4+5)^2 \cdot (5+6)^2 = \frac{1}{4}(49^2-1)(485^2-1)$$

5章
2-1 マルコフ解と「不思議な多項式」

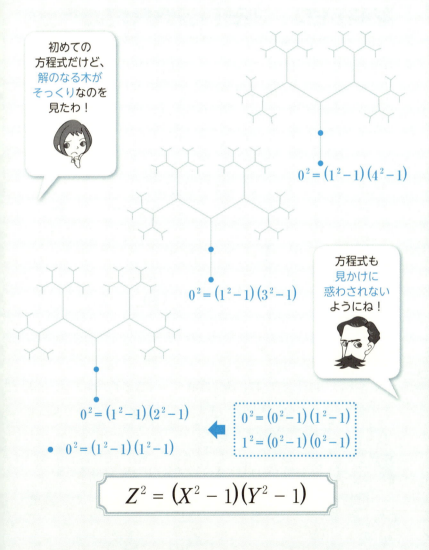

「見かけ」を変えた2-nマルコフ方程式

方程式を美しく(?)変身させてみるよ！

◆2-1 マルコフ方程式

2-1 マルコフ方程式からは、簡単に「見かけを変えた方程式」が作られます。（簡単でないものは p120 44参照）

$$x^2+y^2+z^2=2xyz+1$$
$$z^2-2xyz=-x^2-y^2+1$$
$$z^2-2xyz+x^2y^2=x^2y^2-x^2-y^2+1$$
$$(z-xy)^2=(x^2-1)(y^2-1)$$
$$Z^2=(X^2-1)(Y^2-1)$$

$$x^2+y^2+z^2=2xyz+1 \quad (1\leq x\leq y\leq z)$$
$$\updownarrow \quad \begin{pmatrix} x=X,\ y=Y,\ z=Z+XY \\ X=x,\ Y=y,\ Z=z-xy \end{pmatrix}$$
$$Z^2=(X^2-1)(Y^2-1) \quad (1\leq X\leq Y,\ 0\leq Z)$$

方程式の解は、それぞれ (x,y,z)、$\langle X,Y,Z\rangle$ と区別して記すことにします。

$Z^2=(X^2-1)(Y^2-1)$ は、通常は解を「$0\leq X\leq Y$、$0\leq Z$」で考えます。$X=0$ とすると $Y^2+Z^2=1$ となることから、このときは解 $\langle 0,1,0\rangle$、$\langle 0,0,1\rangle$ が追加されます。

76 $Z^2=(X^2-1)(Y^2-1)$ ($1\leq X\leq Y$、$0\leq Z$) の整数解を5個見つけよ。

2-1 マルコフ解 (x, y, z) は、p118 図3-2、図3-3 に沢山あります。適当に5個選び、「$X=x$、$Y=y$、$Z=z-xy$」として、(x, y, z) から $\langle X, Y, Z \rangle$ を出してみましょう。

$(1, 1, 1)$ → $\langle 1, 1, 0 \rangle$ $\quad 0^2 = (1^2-1)(1^2-1)$

$(1, 2, 2)$ → $\langle 1, 2, 0 \rangle$ $\quad 0^2 = (1^2-1)(2^2-1)$

$(1, 3, 3)$ → $\langle 1, 3, 0 \rangle$ $\quad 0^2 = (1^2-1)(3^2-1)$

$(2, 2, 7)$ → $\langle 2, 2, 3 \rangle$ $\quad 3^2 = (2^2-1)(2^2-1)$

$(2, 7, 26)$ → $\langle 2, 7, 12 \rangle$ $\quad 12^2 = (2^2-1)(7^2-1)$

もっとも $\langle 1, 1, 0 \rangle$、$\langle 1, 2, 0 \rangle$、$\langle 1, 3, 0 \rangle$、……といった自明な解 $\langle 1, b, 0 \rangle$ ($b \geq 1$) はすぐに見つかりますね。$X=0$ を含めたとき追加される解の $\langle 0, 1, 0 \rangle$ も自明な解です。

◆2-(n+1)マルコフ方程式

「2-(n+1) マルコフ方程式」でも同様に「見かけを変えた方程式」$Z^2 - n = (X^2-1)(Y^2-1)$ が作られます。ここでは $n \geq 0$ とします。$n \geq 0$ のときは、(4章で見てきたように) 一定の手順で家系図が確定します。

$$x^2 + y^2 + z^2 = 2xyz + (n+1) \quad (1 \leq x \leq y \leq z)$$

$$\updownarrow \quad \begin{pmatrix} x=X,\ y=Y,\ z=Z+XY \\ X=x,\ Y=y,\ Z=z-xy \end{pmatrix}$$

$$Z^2 - n = (X^2-1)(Y^2-1) \quad (1 \leq X \leq Y,\ 0 \leq Z)$$

$Z^2 - n = (X^2 - 1)(Y^2 - 1)$ も、通常は解を「$0 \leq X \leq Y$、$0 \leq Z$」で考えます。このときは、$X = 0$ とすると $Y^2 + Z^2 = n + 1$ となることから、これをみたす解を追加します。

> **77** 次の方程式には、整数解 $\langle X, Y, Z \rangle$ ($0 \leq X \leq Y$、$0 \leq Z$) が何個あるか。
> (1) $Z^2 - 1 = (X^2 - 1)(Y^2 - 1)$
> (2) $Z^2 - 2 = (X^2 - 1)(Y^2 - 1)$
> (3) $Z^2 - 3 = (X^2 - 1)(Y^2 - 1)$

「$1 \leq X \leq Y$」ではなく「$0 \leq X \leq Y$」で求める問題です。結論は、(1)無数、(2)0個、(3)2個($\langle 0, 2, 0 \rangle$、$\langle 0, 0, 2 \rangle$) です。

それでは問題を見ていきましょう。

まず、対応する「2-($n+1$)マルコフ方程式」は次の通りです。

(1) $x^2 + y^2 + z^2 = 2xyz + 2$
(2) $x^2 + y^2 + z^2 = 2xyz + 3$
(3) $x^2 + y^2 + z^2 = 2xyz + 4$

さらに両辺を4倍して置きかえ「4($n+1$)マルコフ方程式」とします。

(1) $x^2 + y^2 + z^2 = xyz + 8$
(2) $x^2 + y^2 + z^2 = xyz + 12$
(3) $x^2 + y^2 + z^2 = xyz + 16$

このk=4(n+1)のkマルコフ解の家系図を見てみます。

(1)のk=8のスタート解は(0,2,2)と(−1,1,2)です。(p168参照)(今後も、適宜「等」は省略します)

(0,2,2)から出る元スタート解は(2,2,4)です。(−1,1,2)から出る元スタート解は(1,2,3)ですが、(−1,1,2)等には(−2,1,1)もあり、こちらから出る元孤立解は(1,1,3)です。(p183参照)

ここで2-2マルコフ方程式に戻ります。(1,1,3)も、(1,2,3)から続く解も、半分にすると整数解でなくなることから、こちらは捨て去ります。つまり2-2マルコフ方程式のスタート解は、(2,2,4)を半分にした(1,1,2)だけです。

【$x^2+y^2+z^2=2xyz+2$】

$(1,1,2)$ ── $(1,2,3)$
- $(1,3,4)$
  - $(1,4,5)$
  - $(3,4,23)$
- $(2,3,11)$
  - $(2,11,41)$
  - $(3,11,64)$

対応する(1)の解は、次のようになります。

【$Z^2-1=(X^2-1)(Y^2-1)$】

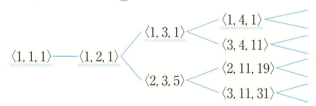

結論として、(1)の解は無数にあります。さらに $X=0$ とすると $Y^2+Z^2=2$ となり $\langle 0,1,1 \rangle$ が1個追加されますが、無数であることに変わりありません。もっとも $\langle 1,1,1 \rangle$、$\langle 1,2,1 \rangle$、$\langle 1,3,1 \rangle$、$\langle 1,4,1 \rangle$……といった(無数の)自明な解はすぐに見つかりますね。

(2)の $k=12$ は、「3の倍数だけど9の倍数でない」という網にかかり、整数解をもちません。このため $x^2+y^2+z^2=2xyz+3$ も、さらに $Z^2-2=(X^2-1)(Y^2-1)$ も、$X \geq 1$ では整数解をもちません。$X=0$ としても $Y^2+Z^2=3$ となり、やはり整数解をもちません。もっとも整数解がないことは、「X^2、Y^2、Z^2 を4で割った余りは0か1」であることから、すぐに分かりますね。

(3)の $k=16$ は、「$1 \leq x \leq y \leq z$」では解をもちません。ゼロや負を含めて、やっと孤立解 $(0,0,4)$ をもつだけです。(p168参照)このため $Z^2-3=(X^2-1)(Y^2-1)$ も、$X \geq 1$ では整数解をもちません。でも $X=0$ とすると $Y^2+Z^2=4$ となり、解 $\langle 0,2,0 \rangle$、$\langle 0,0,2 \rangle$ をもちます。

◆家系図の移行

$Z^2-n=(X^2-1)(Y^2-1)$ $(n \geq 0)$ の家系図を作るとき、スタート解が確定した後は、2-$(n+1)$マルコフ方程式を経由しないで進めたいですね。

それでは、子の兄弟がいるとして、その解を求めることにしましょう。

78 次の□にあてはまる数を A、B、C を用いて表せ。

$$\text{親}\langle A, B, C\rangle \begin{cases} \text{兄}\langle \Box, \Box, \Box\rangle \\ \text{弟}\langle \Box, \Box, \Box\rangle \end{cases}$$

対応する 2-$(n+1)$ マルコフ方程式では、以下の通りとします。

$$\text{親}\,(a, b, c) \begin{cases} \text{兄}\,(a, c, 2ac-b) \\ \text{弟}\,(b, c, 2bc-a) \end{cases}$$

それぞれ、次のように対応しています。

親 (a,b,c) ⟺ 親$\langle A,B,C\rangle = \langle a, b, c-ab\rangle$

兄 $(a,c,2ac-b)$ ⟺ 兄$\langle a, c, (2ac-b)-ac\rangle = \langle a, c, ac-b\rangle$

弟 $(b,c,2bc-a)$ ⟺ 弟$\langle b, c, (2bc-a)-bc\rangle = \langle b, c, bc-a\rangle$

$a=A$、$b=B$、$c=C+AB$ から、次のようになります。

$$\text{親}\langle A,B,C\rangle \begin{cases} \text{兄}\langle A, C+AB, A(C+AB)-B\rangle \\ \text{弟}\langle B, C+AB, B(C+AB)-A\rangle \end{cases}$$

ここで、出てきた子の兄弟の $\langle X, Y, Z\rangle$ から「$XY-Z$」を求めてみましょう。

$$XY-Z = A(C+AB) - \{A(C+AB)-B\} = B$$
$$XY-Z = B(C+AB) - \{B(C+AB)-A\} = A$$

「$XY-Z$」は、親 $\langle A,B,C\rangle$ の A や B となっていますね。$\langle X,Y,Z\rangle$ に親がいたら、その親は「$\langle *, \Box, \Box\rangle$ または $\langle \Box, *, \Box\rangle$」（$* = XY-Z$）です。（次節でこのことを用います。）

コラム V 美しい等式（4）

まずは、次の等式を見てみましょう。

(1)　　$363^2 = (2^2-1)(7^2 \cdot 26^2-1) + (7^2-1)(26^2-1)$

(2)　　$768^2 = (2^2-1)(7^2 \cdot 55^2-1) + (7^2-1)(55^2-1)$

(3)　　$5048^2 = (3^2-1)(17^2 \cdot 99^2-1) + (17^2-1)(99^2-1)$

では、次の□に当てはまる数は何でしょうか。

$$□^2 = (3^2-1)(17^2 \cdot 305^2-1) + (17^2-1)(305^2-1)$$

これらのタネは「$x^2+y^2+z^2+w^2=2xyzw+2$」です。$x=1$ のとき $y^2+z^2+w^2=2yzw+1$ となることから、解に (1, 1, 2, 2)、(1, 1, 3, 3)、(1, 1, 4, 4)、……があることに着目です。（p118 図 3-2 参照）

さらに $x=1$ のとき $(w-yz)^2 = (y^2-1)(z^2-1)$ と変形できたように、今回の式は次のように変形できます。

$$(w-xyz)^2 = (x^2-1)(y^2z^2-1) + (y^2-1)(z^2-1)$$

これに (1, 1, 2, 2)、(1, 1, 3, 3) から（3個の解が等しいとして2次方程式を作っていき）求まった解 (2, 7, 26, 727)、(2, 7, 55, 1538)、(3, 17, 99, 10097) を入れたものが、(1)(2)(3) です。

それではどんな解 (3, 17, 305, ○) を入れると、問題の等式が出てくるのでしょうか。じつは○を求めなくても、□は以下のように求まるのです。（コラム I 参照）

(1) (2, 7, 26, ○)　26÷(2×2×7)=「1」不足 2

　　2×7×26 −「1」= 363　(○ = 2×2×7×26 − 1 = 727)

(2) (2, 7, 55, ○)　55÷(2×2×7)=「2」不足 1

　　2×7×55 −「2」= 768　(○ = 2×2×7×55 − 2 = 1538)

(3) (3, 17, 99, ○)　99÷(2×3×17)=「1」不足 3

　　3×17×99 −「1」= 5048　(○ = 2×3×17×99 − 1 = 10097)

問題　(3, 17, 305, ○)　305÷(2×3×17)=「3」不足 1

　　3×17×305 −「3」= 15552 となり、□ = 15552 です。

次は「$x^2+y^2+z^2+w^2+u^2=2xyzwu+3$」の変形です。

$$(u-xyzw)^2 = (x^2-1)(y^2z^2w^2-1)$$
$$+(y^2-1)(z^2w^2-1)+(z^2-1)(w^2-1)$$

同様にして等式も作られます。ここで、264627 = 2×7×26×727 − 1、1184259 = 2×7×55×1538 − 1 となっています。

$$264627^2 = (2^2-1)(7^2 \cdot 26^2 \cdot 727^2 - 1)$$
$$+(7^2-1)(26^2 \cdot 727^2 - 1)+(26^2-1)(727^2-1)$$
$$1184259^2 = (2^2-1)(7^2 \cdot 55^2 \cdot 1538^2 - 1)$$
$$+(7^2-1)(55^2 \cdot 1538^2 - 1)+(55^2-1)(1538^2-1)$$

18

$(x^2-1)(y^2-1)=(z^2-h^2)^2$

特別な場合を追求しても、面白いかも！

◆ $(x^2-1)(y^2-1)=(z^2-1)^2$

2-1 マルコフ方程式からは、次の方程式 (5-1) が作られましたね。

$$(X^2-1)(Y^2-1)=Z^2 \quad (1\leq X\leq Y、0\leq Z) \quad \cdots (5\text{-}1)$$

ちなみに (5-1) で $X=0$ を含めると、自明な解 $\langle 0,1,0\rangle$ と解 $\langle 0,0,1\rangle$ が追加されました。

これから (5-1) 全般ではなく、その中でも特に「$Z=z^2-1$」であるような、次の方程式 (5-2) を見ていきましょう。

$$(x^2-1)(y^2-1)=(z^2-1)^2 \quad (1\leq x\leq y、1\leq z) \quad \cdots (5\text{-}2)$$

(5-1) の解を $\langle X,Y,Z\rangle$、(5-2) の解を (x,y,z) とします。

(5-1) は $0\leq Z$ なので、(5-2) は $1\leq z$ としています。(5-2) で $0\leq z$ としたときは、$z=0$ から $(x^2-1)(y^2-1)=1$ となり、$0\leq x$ では解 $(0,0,0)$ が追加されます。また $0\leq x$ のとき、(5-1) の $X=0$ の解 $\langle 0,1,0\rangle$ から出る自明な解 $(0,1,1)$ も追加されます。

(5-2) には、自明な解 $(1,b,1)$、(b,b,b) $(b\geq 1)$ があります。$(1,b,1)$ の方は、(5-1) のスタート解 $\langle 1,b,0\rangle$ $(b\geq 2)$ と孤立解 $\langle 1,1,0\rangle$ から出てきたものです。(5章とびらページ参照)

さて (5-1) のスタート解 $\langle 1,b,0\rangle$ $(b\geq 2)$ は無数にありますが、この中のどれかの b で、$\langle 1,b,0\rangle$ から続く $\langle X,Y,Z\rangle$ の Z が次々に

「$Z=z^2-1$」（zは整数）と表され、(5-2) の解が出てきたら驚きですね。

それでは家系図の「$b=3$」の$\langle 1,3,0 \rangle$から続く部分を見てみましょう。出だしの$\langle 1,3,0 \rangle$、$\langle 3,3,8 \rangle$から出る$(1,3,1)$、$(3,3,3)$は、どちらも (5-2) の自明な解です。（p118 図3-2、p194、p195参照）

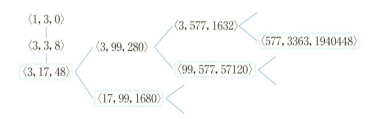

$\langle 3,17,48 \rangle$を含めて、兄をたどった後の（子の）「弟」（「☐で囲んだ解」）に目を向けると、どんなことに気づきますか。

$$\langle 3,17,48 \rangle = \langle 2^2-1, 4^2+1, 7^2-1 \rangle$$
$$\langle 17,99,1680 \rangle = \langle 4^2+1, 10^2-1, 41^2-1 \rangle$$
$$(10 = 2+2\times 4,\ 41 = 4\times 10 +1)$$
$$\langle 99,577,57120 \rangle = \langle 10^2-1, 24^2+1, 239^2-1 \rangle$$
$$(24 = 4+2\times 10,\ 239 = 10\times 24 -1)$$
$$\langle 577,3363,1940448 \rangle = \langle 24^2+1, 58^2-1, 1393^2-1 \rangle$$
$$(58 = 10+2\times 24,\ 1393 = 24\times 58 +1)$$

$\langle X,Y,Z \rangle$のXやYは交互に「+1、-1」ですが、Zは常に「-1」の「$Z=z^2-1$」となっていますね。（次ページの解についてはp195参照）

$$\langle 3, a, b \rangle \begin{cases} \langle 3, b, 3b-a \rangle \begin{cases} \langle a', b', c' \rangle \\ \begin{cases} a' = b \\ b' = 6b - a \\ c' = b(6b-a) - 3 \end{cases} \end{cases} \\ \langle a, b, c \rangle \\ c = ab - 3 \end{cases}$$

[i] $a = m^2 + 1$、$b = n^2 - 1$、$c = \boxed{(mn+1)}^2 - 1$ のとき
$a' = n^2 - 1$、$b' = (m+2n)^2 + 1$、
$c' = \{n(m+2n) - 1\}^2 - 1$

[ii] $a = m^2 - 1$、$b = n^2 + 1$、$c = \boxed{(mn-1)}^2 - 1$ のとき
$a' = n^2 + 1$、$b' = (m+2n)^2 - 1$、
$c' = \{n(m+2n) + 1\}^2 - 1$

　上記を示すには、[i][ii]それぞれで$c = ab - 3$から「m、nの条件式」を出し、「$b' = 6b - a$」「$c' = b(6b-a) - 3$」をm、nで表した両辺が、その条件下で一致することを確認します。（前式を示した後で、その結果も用いて後式を示すのがお勧めです。）

　下記の$\langle 3, 17, 48 \rangle$、$\langle 17, 99, 1680 \rangle$はp199で出てきたもので、このような解は無数にあります。（p210(2)(4)参照）

$$\langle 3, 17, 48 \rangle \;\; \rightarrow \;\; (3^2 - 1)(17^2 - 1) = (7^2 - 1)^2$$
$$\langle 17, 99, 1680 \rangle \;\; \rightarrow \;\; (17^2 - 1)(99^2 - 1) = (41^2 - 1)^2$$

5章 ◆ 2-1 マルコフ解と「不思議な多項式」

　じつは前ページの $\langle a, b, c \rangle$ から出る $(a, b, \boxed{})$ は、「$y-x=2z$」を満たします。（[i][ii]それぞれで $c=ab-3$ から出た「m、n の条件式」下で、「$b-a=2\cdot\boxed{}$」を m、n で表した両辺が一致することを確認します。）

　注目すべきはここからです。じつはこの逆もいえるのです。「$y-x=2z$」を満たす (5-2) の解 (x, y, z) は、（$\langle 1, 3, 0 \rangle$ から出る自明な解 $(1, 3, 1)$ と $\langle 3, 17, 48 \rangle$ を含めて「兄をたどった後の弟」$\langle x, y, z^2-1 \rangle$ から出てくるのです。早い話が、そのような解は（次の 79 で示すように）$xy-(z^2-1)=3$ となり、（親がいたら）その親は「$\langle 3, \Box, \Box \rangle$ または $\langle \Box, 3, \Box \rangle$」なのです。（p195 参照）ちなみに（親がいない）スタート解 $\langle 1, 3, 0 \rangle$ から出る自明な解 $(1, 3, 1)$ もこの条件を満たしています。

　問題は、家系図の「$b=3$」の $\langle 1, 3, 0 \rangle$ から続く部分以外に、「$\langle 3, \Box, \Box \rangle$ または $\langle \Box, 3, \Box \rangle$」が存在するか否かです。$X=x$、$Y=y$ なので、2-1 マルコフ解の家系図 p118 図3-2 の (x, y, z) の x、y を確認してみます。すると、そのような解は存在しません。つまり家系図の「$b=3$」の部分だけから、条件を満たす解が出てくるのです。

> **79** 次を示せ。
> $$\begin{cases} (x^2-1)(y^2-1) = (z^2-1)^2 & (1 \leq x \leq y、1 \leq z) \\ y-x=2z \end{cases}$$
> ➡ $xy-(z^2-1)=3$

　以下の途中に出てくる (∗) は、後で参照する予定の箇所です。

$$(x-1)(x+1)(y-1)(y+1) = z^4 - 2z^2 + 1$$
$$(x-1)(y+1)(x+1)(y-1) = z^4 - 2z^2 + 1$$
$$\{xy - 1 - (y-x)\}\{xy - 1 + (y-x)\} = z^4 - 2z^2 + 1$$
$$\{xy - 1 - 2z\}\{xy - 1 + 2z\} = z^4 - 2z^2 + 1$$
$$(*) \longrightarrow \quad (xy-1)^2 - 4z^2 = z^4 - 2z^2 + 1$$
$$(xy-1)^2 = z^4 + 2z^2 + 1$$
$$(xy-1)^2 = (z^2+1)^2$$
$$xy - 1 = z^2 + 1$$
$$xy - (z^2 - 1) = 3$$

じつは条件「$y-x=2z$」下で $(x^2-1)(y^2-1) = (z^2-1)^2$ のすべての解を求めたのは、シェルピンスキーです。「$y-x=2z$」という条件を外せば、自明な解 $(1, b, 1)$ $(b \neq 3)$、(b, b, b) $(1 \leq b)$、$(0, 1, 1)$ の他にもまだ解が存在します。（p210 (1) (3) (5)参照）

> **未解決問題** $(x^2-1)(y^2-1) = (z^2-1)^2$ $(0 \leq x \leq y、0 \leq z)$ のすべての整数解 (x, y, z) を求めよ。

◆$(x^2-1)(y^2-1)=(z^2-1)^2$ の拡張

方程式 (5-2) を拡張してみましょう。

> $$(x^2-1)(y^2-1) = (z^2-k)^2 \quad (1 \leq x \leq y、\sqrt{k} \leq z)$$
> $$\cdots (5\text{-}3)$$

(5-1) は $0 \leq Z$ なので、(5-3) は $\sqrt{k} \leq z$ としています。

(5-3) で k をどんな数にするかは、これから決める予定です。**シェルピンスキー**にならって、ここでも条件「$y-x=nz$」の下での解を求めましょう。(もちろん、そうでないと難しいからです。) この n も、k に応じて(同様に話が進むように)決める予定です。家系図のスタート解 $\langle 1, b, 0 \rangle$ の b は、k に応じて決まってきます。ちなみに $k=1$ のときは $n=2$ と (シェルピンスキーが) 決め、このとき「$b=3$」でした。条件下での (5-2) の解は、「$b=3$」の $\langle 1, 3, 0 \rangle$ から続く部分から、すべて見つかったのです。

それでは、p202 の式 (∗) から見ていくことにしましょう。

(∗) ⟶ $(xy-1)^2 - n^2 z^2 = z^4 - 2kz^2 + k^2$

$(xy-1)^2 = z^4 + (n^2 - 2k)z^2 + k^2$

ここで $n^2 - 2k = \underline{2k}$ ($n^2 = 4k$)、つまり k に応じて n を「$n = \sqrt{4k}$」と決めます。(これに伴い「k は平方数」とします。)

$(xy-1)^2 = z^4 + \underline{2k}z^2 + k^2$

$(xy-1)^2 = (z^2 + k)^2$

$xy - 1 = z^2 + k$

$xy - (z^2 - k) = \underline{2k+1}$

「$b = 2k+1$」と求まりました。条件「$y-x=nz$」下での (5-3) の解は、(親がいたら)「$\langle b, \square, \square \rangle$ または $\langle \square, b, \square \rangle$」の子から出てくるのです。ここで「$k$ は平方数」、「$n = \sqrt{4k}$」です。

◆ $(x^2-1)(y^2-1) = (z^2-4)^2$

具体例を 1 つ見てみましょう。$k=4$ (4 は平方数) とします。

$$(x^2-1)(y^2-1) = (z^2-4)^2 \ (1 \leq x \leq y、2 \leq z) \cdots (5\text{-}4)$$

「$n=\sqrt{4k}$」から $n=4$ と決まり、条件「$y-x=4z$」下での (5-4) の解を求めます。「$b=2k+1$」から $b=9$ となり、条件下で (5-4) の解が出る (5-1) の解の親は（親がいたら）「$\langle 9, \square, \square \rangle$ または $\langle \square, 9, \square \rangle$」です。ちなみに（親がいない）スタート解 $\langle 1, 9, 0 \rangle$ から出る自明な解 $(1, 9, 2)$ も、この条件を満たしています。

問題は、家系図の「$b=9$」の $\langle 1, 9, 0 \rangle$ から続く部分以外に、「$\langle 9, \square, \square \rangle$ または $\langle \square, 9, \square \rangle$」が存在するか否かです。$X=x$、$Y=y$ ということで、2-1 マルコフ解の家系図 p118 図3-2（の続き）を見ると、そのような解は存在しません。つまり家系図の「$b=9$」の部分だけから、条件を満たす解が出てくるのです。

$\langle 1, 9, 0 \rangle$
$\langle 9, 9, 80 \rangle$
$\langle 9, 161, 1440 \rangle$
$\langle 9, 2889, 25840 \rangle$
$\langle 9, 51841, 463680 \rangle$
$\langle 2889, 51841, 149768640 \rangle$
$\langle 161, 2889, 465120 \rangle$

$$(9^2-1)(161^2-1) = (38^2-4)^2$$
$$(161^2-1)(2889^2-1) = (682^2-4)^2$$
$$(2889^2-1)(51841^2-1) = (12238^2-4)^2$$

ここで $(x^2-1)(y^2-1) = (z^2-4)^2$ の z は、「$z^2-4=Z$」だけでなく「$y-x=4z$」からも求まります。$\langle 9, 161, 1440 \rangle$ なら、z は「$\sqrt{1440+4} = 38$」でも「$(161-9) \div 4 = 38$」でも求まるのです。他

も「$(2889-161) \div 4 = 682$」、「$(51841-2889) \div 4 = 12238$」と求まってきます。

さて、(5-4) で $0 \leq z$ としたときは、$z = 0$、1 から $(x^2-1)(y^2-1) = 16$、9 となり解 $(2,2,1)$ が追加されます。また $0 \leq x$ としたときは、(5-1) の $X = 0$ の解 $\langle 0,1,0 \rangle$ から出る自明な解 $(0,1,2)$ が追加されます。

(5-4) には自明な解 $(1, b, 2)$ $(1 \leq b)$ があります。この自明な解 $(1, b, 2)$ $(b \neq 9)$ や追加された解 $(2,2,1)$、$(0,1,2)$ は、条件「$y - x = 4z$」を満たしません。

◆ $(x^2-1)(y^2-1) = (z^2-h^2)^2$

k は平方数として、「$k = h^2$」(h は正の整数) と置いたものが、次の方程式 (5-5) です。

$$(x^2-1)(y^2-1) = (z^2-h^2)^2 \ (1 \leq x \leq y、h \leq z) \ \cdots (5\text{-}5)$$

「$k = h^2$」から、「$n = \sqrt{4k}$」は「$n = 2h$」と決まり、「$b = 2k+1$」は「$b = 2h^2+1$」となります。それでは、条件「$y - x = 2hz$」下での (5-5) の解を求めましょう。解が出る (5-1) の解の親は (親がいたら)「$\langle 2h^2+1, \square, \square \rangle$ または $\langle \square, 2h^2+1, \square \rangle$」です。ちなみに (親がいない) スタート解 $\langle 1, 2h^2+1, 0 \rangle$ から出る自明な解 $(1, 2h^2+1, h)$ も、この条件を満たしています。

問題は、家系図の「$b = 2h^2+1$」の $\langle 1, 2h^2+1, 0 \rangle$ から続く部分以外に、「$\langle 2h^2+1, \square, \square \rangle$ または $\langle \square, 2h^2+1, \square \rangle$」が存在するか否かです。

じつは存在する場合があります。たとえば $h=7$ では $b=99$ ですが、「$\langle 99, \square, \square \rangle$ または $\langle \square, 99, \square \rangle$」となる解が、家系図の「$b=99$」の部分以外にも存在するのです。実際「$b=3$」の部分に、$\langle 99, 577, 57120 \rangle \langle 99, 3363, 332920 \rangle$ や $\langle 3, 99, 280 \rangle \langle 17, 99, 1680 \rangle$ が見つかります。このため、これらの子である $\langle 577, 114243, 65918112 \rangle$ $\langle 3363, 665857, 2239276992 \rangle$ や $\langle 3, 577, 1632 \rangle \langle 17, 3363, 57072 \rangle$ から、条件「$y-x=14z$」をみたす (5-5) の解 $(577, 114243, 8119)$ $(3363, 665857, 47321)$ や $(3, 577, 41)$ $(17, 3363, 239)$ が出てきます。つまり家系図の「$b=99$」の部分からだけでなく、「$b=3$」の部分からも条件を満たす解が出てきたのです。

さて (5-5) で $0 \leq z$ としたときは、$z=0$、1、……、$h-1$ のときの解が追加されます。また (5-5) で $0 \leq x$ としたときは、(5-1) の $X=0$ の解の中の $\langle 0, 1, 0 \rangle$ から出る自明な解 $(0, 1, h)$ が追加されます。ちなみに $\langle 0, 0, 1 \rangle$ から出る解は ($h > 1$ のときは) ありません。($h=1$ のときは $(0, 0, 0)$ です。)

(5-5) には自明な解 $(1, b, h)$ $(1 \leq b)$ があります。この $(1, b, h)$ ($b \neq 2h^2 + 1$) も追加の解 $(0, 1, h)$ も条件「$y-x=2hz$」を満たしません。

結局のところ、条件「$y-x=2hz$」下の (5-5) の解は、家系図の「$b=2h^2+1$」の部分から、(全部か否かは個々に検討するとして) 無数に出てくるのです。($h=7$ では全部ではありません)

無数にある解の中で、$\langle b, 2b^2-1, 2b^3-2b \rangle$ ($b=2h^2+1$) (p207 参照) から出る解 $(b, 2b^2-1, z)$ は以下の通りです。ここで z は、「$y-x=2hz$」から「$(y-x) \div (2h) = z$」で求めています。

$h=1$、$n=2$、$b=3$、$\langle 3, 17, 48 \rangle$　　　$(17-3) \div 2 = 7$

$h=2$、$n=4$、$b=9$、$\langle 9, 161, 1440 \rangle$　　$(161-9) \div 4 = 38$

$h=3$、$n=6$、$b=19$、$\langle 19, 721, 13680 \rangle$

$$(721-19) \div 6 = 117$$

$h=4$、$n=8$、$b=33$、$\langle 33, 2177, 71808 \rangle$

$$(2177-33) \div 8 = 268$$

$h=5$、$n=10$、$b=51$、$\langle 51, 5201, 265200 \rangle$

$$(5201-51) \div 10 = 515$$

$$(3^2-1)(17^2-1) = (7^2-1^2)^2$$
$$(9^2-1)(161^2-1) = (38^2-2^2)^2$$
$$(19^2-1)(721^2-1) = (117^2-3^2)^2$$
$$(33^2-1)(2177^2-1) = (268^2-4^2)^2$$
$$(51^2-1)(5201^2-1) = (515^2-5^2)^2$$

じつは方程式 (5-5) には、(自明な解の他にも)「$y-x=2hz$」を満たさない解が必ず1つは存在します。たとえば $h \geqq 2$ のとき、「$\underline{b=h}$」とした下図の $\langle 4b^3-3b, 16b^5-20b^3+5b, Z \rangle$ から出る解です。($h=1$ のときは p210 (1) (3) (5) 参照)

$\langle 1, b, 0 \rangle$
$\quad |$
$\langle b, b, b^2-1 \rangle$
$\quad\quad |$
$\langle b, 2b^2-1, 2b^3-2b \rangle \longleftarrow$
$\quad\quad\quad\quad \langle 2b^2-1, 4b^3-3b, 8b^5-10b^3+2b \rangle \longleftarrow$
$\quad\quad\quad\quad\quad\quad\quad\quad \langle 4b^3-3b, 16b^5-20b^3+5b, Z \rangle$
$\quad\quad\quad\quad\quad\quad\quad\quad [Z = 64b^8-128b^6+80b^4-17b^2+1]$

上図の「　　で囲んだ解」の Z を見てみましょう。

$$Z + b^2 = (64b^8 - 128b^6 + 80b^4 - 17b^2 + 1) + b^2$$
$$= 64b^8 - 128b^6 + 80b^4 - 16b^2 + 1$$
$$= (8b^4 - 8b^2 + 1)^2$$
$$Z = (8b^4 - 8b^2 + 1)^2 - \underline{b^2}$$
$$Z = z^2 - \underline{h^2} \qquad 〔\text{「}\underline{b = h}\text{」の場合}〕$$

(5-5) の解 $(4h^3 - 3h, 16h^5 - 20h^3 + 5h, 8h^4 - 8h^2 + 1)$ は、家系図の「$\underline{b = 2h^2 + 1}$」の部分ではなく「$\underline{b = h}$」の部分に出てくるのです。しかも $x = 4h^3 - 3h$、$y = 16h^5 - 20h^3 + 5h$、$z = 8h^4 - 8h^2 + 1$ のとき、「$y - x = 2hz$」は「$h(8h^2 - 6) = 0$」となることから、いずれの h でも「$y - x = 2hz$」を満たしません。

以下は、「$y - x = 2hz$」を満たさない (5-5) の解（の1つである）$(4h^3 - 3h, 16h^5 - 20h^3 + 5h, 8h^4 - 8h^2 + 1)$ です。

〔$h = 2$〕$(26, 362, 97)$
　　→　$(26^2 - 1)(362^2 - 1) = (97^2 - 2^2)^2$
〔$h = 3$〕$(99, 3363, 577)$
　　→　$(99^2 - 1)(3363^2 - 1) = (577^2 - 3^2)^2$
〔$h = 4$〕$(244, 15124, 1921)$
　　→　$(244^2 - 1)(15124^2 - 1) = (1921^2 - 4^2)^2$
〔$h = 5$〕$(485, 47525, 4801)$
　　→　$(485^2 - 1)(47525^2 - 1) = (4801^2 - 5^2)^2$

コラム Ⅵ 美しい等式（5）

次の□に当てはまる数は何でしょうか。

$$1^2 \cdot 3^2 \cdot 5^2 \cdot 7^2 \cdot 9^2 = (\Box^2 - 1)(\Box^2 - 1)$$

このタネも、p214 81で見ていく $]n[= (《n》^2 - 1)$ です。（《n》はp211 80参照）問題は m と n を何にしたら、$(《m》^2 - 1)(《n》^2 - 1)$ から「$(1^2)\cdot 3^2 \cdot 5^2 \cdot 7^2 \cdot 9^2$」が出てくるかです。じつは「$m=1$、$n=3$」とします。「$\Box=《1》$、$\Box=《3》$」として b に適当な数を代入するのです。

$$[《1》^2 - 1 =] (b^2 - 1) = (b-1)(b+1)$$
$$[《3》^2 - 1 =] \{(4b^3 - 3b)^2 - 1\} = (b-1)(b+1)(2b+1)^2(2b-1)^2$$

この2式から（左辺と右辺を入れかえると）次が出てきます。

$$(b-1)^2(b+1)^2(2b-1)^2(2b+1)^2 = (b^2-1)\{(4b^3-3b)^2-1\}$$

左辺の $(b-1)$ と $(b+1)$ の差は2で、$(2b-1)$ と $(2b+1)$ の差も2であることに着目です。さらに $(b+1)$ と $(2b-1)$ の差も2となる b を求めると、$(b+1)+2=(2b-1)$ から $b=4$ です。この $b=4$ を代入すると、次になります。□は順に □$=4$、□$=244$ です。

$$3^2 \cdot 5^2 \cdot 7^2 \cdot 9^2 = (4^2 - 1)(244^2 - 1)$$

$Z^2 = (X^2-1)(Y^2-1)$ の解からは、他にも見かけが美しい等式が作られます。

たとえば $(X^2-1)(Y^2-1) = Z^2$ で、たまたま $Z = \square^2 - 1$ となったとします。実際上は、p214 81 の様々な m、n の $(《m》^2-1)(《n》^2-1)$ において、b に数を代入して探します。

下記の(1)(3)(5)を見つけたのは K. Szymiczek(シュミーチェク)です。(p202参照) ちなみに、(2)(4)のような解は無数にあります。(p200参照)

(1) $m=1$、$n=4$、$b=2$ → $\langle 2, 97, 168 \rangle$

(2) $m=1$、$n=2$、$b=3$ → $\langle 3, 17, 48 \rangle$

(3) $m=1$、$n=2$、$b=4$ → $\langle 4, 31, 120 \rangle$

(4) $m=2$、$n=3$、$b=3$ → $\langle 17, 99, 1680 \rangle$

(5) $m=1$、$n=2$、$b=155$ → $\langle 155, 48049, 7447440 \rangle$

---

(1) $(2^2-1)(97^2-1) = (13^2-1)^2$

(2) $(3^2-1)(17^2-1) = (7^2-1)^2$

(3) $(4^2-1)(31^2-1) = (11^2-1)^2$

(4) $(17^2-1)(99^2-1) = (41^2-1)^2$

(5) $(155^2-1)(48049^2-1) = (2729^2-1)^2$

19
不思議な多項式
1匹目（シェルピンスキー）、2匹目（ザギエ）、3匹目は？

◆ 多項式《n》

前節では、「$Z = z^2 - h^2$」であるものに限定して見てきました。でも興味深いのは、そんな一部に限った話ではないのです。

そもそも、2-1 マルコフ方程式の出自は 4 マルコフ方程式です。その 4 マルコフ解からは多項式 $\|n\|$ が出てきたのです。このため 2-1 マルコフ解からも多項式《n》が出てきます。p99 の式 $\|n\|$ で $a = 2b$ とおき、これを半分にするだけです。もちろん次からも直接出てきます。

$$《n》 = 2《1》《n-1》 - 《n-2》$$
$$（ただし《0》= 1、《1》= b）$$

80 《2》、《3》、……、《10》を求めよ。

$$《2》 = \frac{1}{2} \cdot (4b^2 - 2) = 2b^2 - 1$$
$$《3》 = \frac{1}{2} \cdot (8b^3 - 6b) = 4b^3 - 3b$$

続きは以下の通りです。

$$《4》 = 8b^4 - 8b^2 + 1$$
$$《5》 = 16b^5 - 20b^3 + 5b$$
$$《6》 = 32b^6 - 48b^4 + 18b^2 - 1$$

$$\langle\!\langle 7 \rangle\!\rangle = 64b^7 - 112b^5 + 56b^3 - 7b$$
$$\langle\!\langle 8 \rangle\!\rangle = 128b^8 - 256b^6 + 160b^4 - 32b^2 + 1$$
$$\langle\!\langle 9 \rangle\!\rangle = 256b^9 - 576b^7 + 432b^5 - 120b^3 + 9b$$
$$\langle\!\langle 10 \rangle\!\rangle = 512b^{10} - 1280b^8 + 1120b^6 - 400b^4 + 50b^2 - 1$$

次の 表5-1 は、これらの係数を並べたものです。それぞれ「[1つ右上の2倍] − [2つ上]」（ないときは0）となっています。

表5-1

								1
							1	0
						2	0	−1
					4	0	−3	0
				8	0	−8	0	1
			16	0	−20	0	5	0
		32	0	−48	0	18	0	−1
	64	0	−112	0	56	0	−7	0
128	0	−256	0	160	0	−32	0	1

2章 p100 から、**多項式《n》**は次のようになります。

$$\langle\!\langle n \rangle\!\rangle = 2^{n-1}b^n - n2^{n-3}b^{n-2} + \frac{n(n-3)}{2\cdot 1}2^{n-5}b^{n-4}$$

$$-\frac{n(n-4)(n-5)}{3\cdot 2\cdot 1}2^{n-7}b^{n-6}$$
$$+\frac{n(n-5)(n-6)(n-7)}{4\cdot 3\cdot 2\cdot 1}2^{n-9}b^{n-8}$$
$$-\frac{n(n-6)(n-7)(n-8)(n-9)}{5\cdot 4\cdot 3\cdot 2\cdot 1}2^{n-11}b^{n-10}$$
$$+\cdots\cdots\cdots$$
$$-\cdots\cdots\cdots$$

次の式は、「たし算Σ」「かけ算Π」を用いて表したものです。

$$《n》=2^{n-1}b^n - n2^{n-3}b^{n-2}$$
$$+\sum_{k=2}^{\left[\frac{n}{2}\right]}\left\{\frac{(-1)^k 2^{n-2k-1}n}{k!}\prod_{i=1}^{k-1}(n-k-i)\right\}b^{n-2k}$$

ここで $n \geq 1$ です。$n = 0$ では《0》$= 1$、また $2^{-1} = \frac{1}{2}$ です。

さて $m \geq 0$、$n \geq 0$（m、n は整数）、$|\ |$ を絶対値とすると、$\|n\|$ では $\|m\|\cdot\|n\| - \|\,|m-n|\,\| = \|m+n\|$ が成り立ちました。

《n》は、a の式 $\|n\|$ で $a = 2b$ とおき、これを半分にしただけなので、半分にする前の段階では次が成り立っています。

$$2《m》\cdot 2《n》 - 2《|m-n|》 = 2《m+n》$$

この両辺を 2 で割ると、次が成り立ちます。

$$2《m》\cdot《n》 - 《|m-n|》 = 《m+n》$$

演算「＊」を $《m》＊《n》=2《m》・《n》-《|m-n|》$
とすると、

$$《m》＊《n》=《m+n》$$
（特に $《n》＊《0》=《n》$）

◆多項式]n[

「$X=x$、$Y=y$」なので、「$Z^2=(X^2-1)(Y^2-1)$」の X、Y は 2-1 マルコフ解の x、y です。つまりは $《m》$、$《n》$ です。

こうなると気になることがありますね。それは Z^2 の「2乗の因数」です。(X^2-1) の因数と (Y^2-1) の因数が、いつでも一致して「2乗」となるのでしょうか。それとも (X^2-1) や (Y^2-1) がそれぞれ「2乗の因数」の積なのでしょうか。あるいは、……。

(X^2-1) の X に $《n》$ を代入した式を $]n[$ として、これから見ていきましょう。興味の対象は**多項式 $]n[$** となってきました。

$$]n[=《n》^2-1$$
$$=(《n》-1)(《n》+1)$$

81 $]1[$、$]2[$、$]3[$ を因数分解せよ。

$]1[= b^2-1 = (b-1)(b+1)$ （p211 参照）
$]2[= (2b^2-1)^2-1 = (b-1)(b+1)(2b)^2$
$]3[= (4b^3-3b)^2-1 = (b-1)(b+1)(2b+1)^2(2b-1)^2$

81 はこれで終了ですが、続きは以下の通りです。

$$]4[= (b-1)(b+1)(2b)^2(4b^2-2)^2$$
$$]5[= (b-1)(b+1)(4b^2+2b-1)^2(4b^2-2b-1)^2$$
$$]6[= (b-1)(b+1)(2b)^2(2b+1)^2(2b-1)^2(4b^2-3)^2$$
$$]7[= (b-1)(b+1)(8b^3+4b^2-4b-1)^2(8b^3-4b^2-4b+1)^2$$
$$]8[= (b-1)(b+1)(2b)^2(4b^2-2)^2(16b^4-16b^2+2)^2$$
$$]9[= (b-1)(b+1)(2b+1)^2(2b-1)^2$$
$$(8b^3-6b+1)^2(8b^3-6b-1)^2$$
$$]10[= (b-1)(b+1)(2b)^2(4b^2+2b-1)^2(4b^2-2b-1)^2$$
$$(16b^4-20b^2+5)^2$$

$]10[$ までを見た限りでは、$(b-1)(b+1)$ の他は「2乗の因数」の積となっていますね。

◆ $(b-1)(b+1)$ は $]n[$ の因数

$]10[$ から先も、$(b-1)(b+1)$ が因数に出てくるのでしょうか。

まずは（コンピュータを用いずに因数分解するための）準備として、《1》、《2》、《3》、……の「**係数の和**」を見ておきましょう。ちなみに係数の和は、$b=1$ を代入すれば求まります。たとえば《2》$=2b^2-1$ の係数の和は、$b=1$ を代入した「$2-1=1$」です。

82 《1》、《2》、《3》、……の係数の和を求めよ。

《n》は、《n》$=2$《1》《$n-1$》$-$《$n-2$》、つまり《n》$=2b$《$n-1$》$-$《$n-2$》(《0》$=1$、《1》$=b$) からも出てきます。（以下「　」は「係数の和」の計算です）

$$《2》=2b《1》-《0》=2b^2-1 \quad 「2-1=1」$$

$$《3》=2b《2》-《1》=2b(2b^2-1)-b \quad \lfloor 2\cdot(2-1)-1=1\rfloor$$

$b=1$ を $《4》=2b《3》-《2》$ に代入した値は、$《2》$ と $《3》$ に代入した値が 1 なので、「$2\cdot 1-1=1$」です。同様に、$b=1$ を $《n》=2b《n-1》-《n-2》$ に代入した値も、$《n-1》$ と $《n-2》$ に代入した値が 1 なので、次々に 1 となってきます。

> **83**]1[、]2[、]3[、……の因数に $(b-1)(b+1)$ が出てくるのはなぜか。

$]n[= (《n》-1)(《n》+1)$ です。じつは n が偶数か奇数かで、$(《n》-1)$ と $(《n》+1)$ のどこから $(b-1)$ と $(b+1)$ が出るか決まっているのです。

[n が偶数のとき]（$n=2m$）

$《4》=8b^4-8b^2+1$ や $《6》=32b^6-48b^4+18b^2-1$ のように、$《n》$ に出てくる項の次数はすべて偶数です。つまり（定数項を除いて）b^2 の式となっています。

$(《n》-1)$ の係数の和は、「$《n》$ の係数の和」$-1=1-1=0$ です。$b^2=1$ を代入して 0 ということは、因数に $(b^2-1)=(b-1)(b+1)$ が出てくるということです。

$$(《2m》-1)(《2m》+1)$$

$$\underset{(b-1)(b+1)q_{2m}(b)}{\uparrow} \quad \underset{r_{2m}(b)}{\uparrow}$$

[n が奇数のとき]（$n=2m+1$）

$《3》=4b^3-3b$ や $《5》=16b^5-20b^3+5b$ のように、$《n》$ に出てく

る項の次数はすべて奇数です。このため $b=1$ を代入して 1 ということは、$b=-1$ を代入すると -1 です。

$(《n》-1)$ に $b=1$ を代入すると $1-1=0$ となり、こちらは $(b-1)$ を因数にもちます。$(《n》+1)$ に $b=-1$ を代入すると $-1+1=0$ となり、こちらは $(b+1)$ を因数にもつのです。

$$(《2m+1》-1)(《2m+1》+1)$$
$$(b-1)q_{2m+1}(b) \quad (b+1)r_{2m+1}(b)$$

◆多項式 $p_n(b)$

$]n[= (《n》-1)(《n》+1)$ は、どれも因数 $(b-1)(b+1)$ をもちます。こうなると興味の対象は、これを除いた**多項式 $p_n(b)$** ですね。($q_n(b)$、$r_n(b)$ は 83 で出てきたものとします。)

$$]n[= (b-1)(b+1)p_n(b)$$
$$p_n(b) = q_n(b)r_n(b)$$

(以下では、$q_n(b)$、$r_n(b)$ に分けて下線を引いています。)

$p_1(b) = 1 \cdot 1 = 1$

$p_2(b) = 2 \cdot 2b^2 = (2b)^2$

$p_3(b) = (2b+1)^2 \cdot (2b-1)^2$

$p_4(b) = 8b^2 \cdot 2(2b^2-1)^2$
$\quad\quad = (2b)^2(4b^2-2)^2 \quad 〔= (4b^2-2)^2 p_2(b)〕$

$p_5(b) = (4b^2+2b-1)^2 \cdot (4b^2-2b-1)^2$

$$p_6(b) = 2(2b+1)^2(2b-1)^2 \cdot 2b^2(4b^2-3)^2$$
$$= (2b)^2(2b+1)^2(2b-1)^2(4b^2-3)^2$$
$$\left[= (4b^2-3)^2 p_2(b) p_3(b) \right]$$
$$p_7(b) = (8b^3+4b^2-4b-1)^2 \cdot (8b^3-4b^2-4b+1)^2$$
$$p_8(b) = 2(2b)^2(4b^2-2)^2 \cdot 2(8b^4-8b^2+1)^2$$
$$= (2b)^2(4b^2-2)^2(16b^4-16b^2+2)^2$$
$$\left[= (16b^4-16b^2+2)^2 p_4(b) \right]$$
$$p_9(b) = (2b+1)^2(8b^3-6b+1)^2 \cdot (2b-1)^2(8b^3-6b-1)^2$$
$$\left[= (8b^3-6b+1)^2(8b^3-6b-1)^2 p_3(b) \right]$$
$$p_{10}(b) = 2(4b^2+2b-1)^2(4b^2-2b-1)^2 \cdot 2b^2(16b^4-20b^2+5)^2$$
$$= (2b)^2(4b^2+2b-1)^2(4b^2-2b-1)^2(16b^4-20b^2+5)^2$$
$$\left[= (16b^4-20b^2+5)^2 p_2(b) p_5(b) \right]$$

さて $b=1$ を《n》に代入すると 1 でしたね。それでは $b=1$ を $p_n(b)$ に代入したら何でしょうか。(これもコンピュータを用いずに因数分解するための準備です。)

84 $p_1(1)$、$p_2(1)$、$p_3(1)$、……、$p_{10}(1)$ を求めよ。

$$p_1(1) = 1 \times 1 = 1^2$$
$$p_2(1) = 2 \times 2 = 2^2$$
$$p_3(1) = (2+1)^2 \times (2-1)^2 = 3^2 \times 1 = 3^2$$
$$p_4(1) = 2 \cdot 2^2 \times 2(2-1)^2 = 2 \cdot 2^2 \times 2 = 4^2$$
$$p_5(1) = (4+2-1)^2 \times (4-2-1)^2 = 5^2 \times 1 = 5^2$$
$$p_6(1) = 2(2+1)^2 \times 2(4-3)^2 = 2 \cdot 3^2 \times 2 = 6^2$$

$$p_7(1) = (8+4-4-1)^2 \times (8-4-4+1)^2 = 7^2 \times 1 = 7^2$$
$$p_8(1) = 2 \cdot 2^2(4-2)^2 \times 2(8-8+1)^2 = 2 \cdot 4^2 \times 2 = 8^2$$
$$p_9(1) = (2+1)^2(8-6+1)^2 \times (2-1)^2(8-6-1)^2$$
$$= 3^2 \cdot 3^2 \times 1 = 9^2$$
$$p_{10}(1) = 2(4+2-1)^2(4-2-1)^2 \times 2(16-20+5)^2$$
$$= 2 \cdot 5^2 \times 2 = 10^2$$

$1 \le n \le 10$ では、何と「$p_n(1) = n^2$」です。多項式 $p_n(b)$ には、早くも不思議な雰囲気が漂ってきましたね。

85 $p_n(1) = n^2$ といえるか。

n が偶数と奇数で場合に分け、まずは具体例で見当をつけましょう。(証明は後に回します。) $p_n(1) = q_n(1) r_n(1)$ です。

[n が偶数のとき] ($n = 2m$)

$$(\langle\!\langle 2 \rangle\!\rangle - 1)(\langle\!\langle 2 \rangle\!\rangle + 1) = (b-1)(b+1) 2 \times 2b^2$$
$$(b-1)(b+1)\ q_2(b)\quad r_2(b)$$

$m = 1$ では $q_2(b) = 2$、$r_2(b) = 2b^2$ で、$q_2(1) r_2(1) = 2 \times 2 = 2^2$

$$(\langle\!\langle 4 \rangle\!\rangle - 1)(\langle\!\langle 4 \rangle\!\rangle + 1) = (b-1)(b+1) 8b^2 \times 2(2b^2-1)^2$$
$$(b-1)(b+1)\ q_4(b)\quad r_4(b)$$

$m = 2$ では $q_4(b) = 8b^2$、$r_4(b) = 2(2b^2-1)^2$ で、
$$q_4(1) r_4(1) = 8 \times 2 = 4^2$$

$m = 1$、2 から、偶数の場合は次のように見当をつけます。

$$q_{2m}(1) = 2m^2 \ , \quad r_{2m}(1) = 2 \qquad \cdots \text{(e)}$$

$$(p_{2m}(1) = 2m^2 \times 2 = (2m)^2)$$

[**n が奇数のとき**]（$n = 2m+1$）

$$(\langle\!\langle 3 \rangle\!\rangle - 1)(\langle\!\langle 3 \rangle\!\rangle + 1) = \underbrace{(b-1)(2b+1)^2}_{(b-1)q_3(b)} \times \underbrace{(b+1)(2b-1)^2}_{(b+1)r_3(b)}$$

$m = 1$ では $q_3(b) = (2b+1)^2$、$r_3(b) = (2b-1)^2$ で、

$$q_3(1)r_3(1) = 3^2 \times 1 = 3^2$$

$$(\langle\!\langle 5 \rangle\!\rangle - 1)(\langle\!\langle 5 \rangle\!\rangle + 1)$$
$$= \underbrace{(b-1)(4b^2+2b-1)^2}_{(b-1)q_5(b)} \times \underbrace{(b+1)(4b^2-2b-1)^2}_{(b+1)r_5(b)}$$

$m = 2$ では $q_5(b) = (4b^2+2b-1)^2$、$r_5(b) = (4b^2-2b-1)^2$ で、

$$q_5(1)r_5(1) = 5^2 \times 1 = 5^2$$

$m = 1$、2 から、奇数の場合は次のように見当をつけます。

$$q_{2m+1}(1) = (2m+1)^2 \quad , \quad r_{2m+1}(1) = 1 \quad \cdots \text{(o)}$$

$$(p_{2m+1}(1) = (2m+1)^2 \times 1 = (2m+1)^2)$$

いよいよ (e)、(o) の証明です。次数が $n-1$ 以下では (e)、(o) が成り立つとして、n のときを見てみます。ちなみに $\langle\!\langle n \rangle\!\rangle = 2b\langle\!\langle n-1 \rangle\!\rangle - \langle\!\langle n-2 \rangle\!\rangle$ です。

それでは、n を偶数と奇数に分けて見ていきましょう。

[**n が偶数のとき**]（$n = 2m$） （下記は p216 参照）

$$(\langle\!\langle 2m \rangle\!\rangle - 1)(\langle\!\langle 2m \rangle\!\rangle + 1) = (b-1)(b+1)q_{2m}(b) \times r_{2m}(b)$$

[i] まず「$q_{2m}(1) = 2m^2$」を示します。

$$(b-1)(b+1)q_{2m}(b)$$
$$= \langle\!\langle 2m \rangle\!\rangle - 1$$
$$= 2b\langle\!\langle 2m-1 \rangle\!\rangle - \langle\!\langle 2m-2 \rangle\!\rangle - 1$$

$$= 2b\{《2m-1》-1\} - \{《2(m-1)》-1\} + 2b - 2$$
$$= 2b(b-1)q_{2m-1}(b) - (b-1)(b+1)q_{2(m-1)}(b) + 2(b-1)$$

ここで両辺を $(b-1)$ で割ってから、$b=1$ を代入します。

〔仮定より、$q_{2m-1}(1)=(2m-1)^2$、$q_{2(m-1)}(1)=2(m-1)^2$〕

$$(b+1)q_{2m}(b) = 2b\,q_{2m-1}(b) - (b+1)q_{2(m-1)}(b) + 2$$
$$2 \times q_{2m}(1) = 2(2m-1)^2 - 2\cdot 2(m-1)^2 + 2$$
$$q_{2m}(1) = (2m-1)^2 - 2(m-1)^2 + 1$$
$$= (4m^2 - 4m + 1) - 2(m^2 - 2m + 1) + 1$$
$$= 2m^2$$

[ii] 次に「$r_{2m}(1)=2$」を示します。

$$r_{2m}(b) = 《2m》+1$$
$$= 2b《2m-1》-《2m-2》+1$$
$$= 2b\{《2m-1》+1\} - \{《2(m-1)》+1\} - 2b + 2$$
$$= 2b(b+1)r_{2m-1}(b) - r_{2(m-1)}(b) - 2(b-1)$$

ここで両辺に $b=1$ を代入します。

〔仮定より、$r_{2m-1}(1)=1$、$r_{2(m-1)}(1)=2$〕

$$r_{2m}(1) = 2\cdot 2r_{2m-1}(1) - r_{2(m-1)}(1)$$
$$= 4 - 2$$
$$= 2$$

以上から、$p_{2m}(1) = q_{2m}(1)r_{2m}(1) = 2m^2 \times 2 = (2m)^2$

[n が奇数のとき]($n=2m+1$) （下記は p217 参照）

$$(《2m+1》-1)(《2m+1》+1)$$
$$= (b-1)q_{2m+1}(b) \times (b+1)r_{2m+1}(b)$$

[iii] まず「$q_{2m+1}(1) = (2m+1)^2$」を示します。

$(b-1)q_{2m+1}(b)$
$= 《2m+1》 - 1$
$= 2b《2m》 - 《2m-1》 - 1$
$= 2b\{《2m》-1\} - \{《2m-1》-1\} + 2b - 2$
$= 2b(b-1)(b+1)q_{2m}(b) - (b-1)q_{2m-1}(b) + 2(b-1)$

ここで両辺を $(b-1)$ で割ってから、$b=1$ を代入します。

〔仮定より、$q_{2m}(1) = 2m^2$、$q_{2m-1}(1) = (2m-1)^2$〕

$q_{2m+1}(b) = 2b(b+1)q_{2m}(b) - q_{2m-1}(b) + 2$
$q_{2m+1}(1) = 2 \cdot 2 \cdot 2m^2 - (2m-1)^2 + 2$
$\qquad = 8m^2 - (4m^2 - 4m + 1) + 2$
$\qquad = 4m^2 + 4m + 1$
$\qquad = (2m+1)^2$

[iv] 次に「$r_{2m+1}(1) = 1$」を示します。

$(b+1)r_{2m+1}(b)$
$= 《2m+1》 + 1$
$= 2b《2m》 - 《2m-1》 + 1$
$= 2b\{《2m》+1\} - \{《2m-1》+1\} - 2b + 2$
$= 2b\, r_{2m}(b) - (b+1)r_{2m-1}(b) - 2(b-1)$

ここで両辺に $b=1$ を代入します。

〔仮定より、$r_{2m}(1) = 2$、$r_{2m-1}(1) = 1$〕

$2r_{2m+1}(1) = 2r_{2m}(1) - 2r_{2m-1}(1)$
$r_{2m+1}(1) = r_{2m}(1) - r_{2m-1}(1)$
$\qquad = 2 - 1 = 1$

以上から、$p_{2m+1}(1) = q_{2m+1}(1) r_{2m+1}(1) = (2m+1)^2 \times 1 = (2m+1)^2$

これで「$p_n(1) = n^2$」と分かりました。証明とするなら、数学的帰納法となるように体裁を整えることになります。

◆因数分解の公式（1）

n が偶数のとき、$n \leq 10$ では《n》$+ 1 = 2($ 　$)^2$ ですね。（p216～p218 参照）じつは（　）の中身は《　》を用いて表されます。

86 《$2m$》$+ 1 = 2($ 　$)^2$

演算「$*$」を《m》$*$《n》$= 2$《m》$\cdot$《n》$-$《$|m-n|$》としたとき、《m》$*$《n》$=$《$m+n$》でしたね。（p214 参照）

これを次のように書きかえます。ちなみに《0》$= 1$ です。

$$2《m》\cdot《n》=《m+n》+《m-n》\quad (m \geq n \text{ のとき})$$
$$\text{特に} \quad 2《m》^2 =《2m》+ 1$$

左辺と右辺を入れかえれば 《$2m$》$+ 1 = 2$《m》^{2} となります。$2($ 　$)^2$ の（　）の中身は《m》です。

ちなみに《$2m$》$- 1$ の方は、次のようになってきます。

$$\begin{aligned}
《2m》- 1 &= \{《2m》+ 1\} - 2 \\
&= 2《m》^2 - 2 \\
&= 2\{《m》- 1\}\{《m》+ 1\}
\end{aligned}$$

ここで m が偶数ならば、さらに分解していきます。m が奇数のときは、章の最後の p243 で（形を変えて）見てみます。

$$《2m》+1 = 2《m》^2$$
$$《2m》-1 = 2\{《m》-1\}\{《m》+1\}$$

上記を用いた因数分解を 1 つ見てみましょう。

87 $]12[= \{《12》-1\}\{《12》+1\}$ を因数分解せよ。

$$\begin{aligned}
《12》-1 &= 2\{《6》-1\}\{《6》+1\} \\
&= 2 \times 2\{《3》-1\}\{《3》+1\} \times 2《3》^2 \\
&= 8 \times]3[\times 《3》^2 \quad (\text{以下、p211 } 80\text{、p214 } 81\text{参照}) \\
&= 8(b-1)(b+1)(2b+1)^2(2b-1)^2(4b^3-3b)^2 \\
&= 2(b-1)(b+1)(2b)^2(2b+1)^2(2b-1)^2(4b^2-3)^2
\end{aligned}$$

$$\begin{aligned}
《12》+1 &= 2《6》^2 \quad (2《4》《2》=《4+2》+《4-2》) \\
&= 2\{2《4》《2》-《2》\}^2 \quad (\text{上記より}) \\
&= 2《2》^2\{2《4》-1\}^2 \quad (\text{以下、p211 } 80\text{参照}) \\
&= 2(2b^2-1)^2\{2(8b^4-8b^2+1)-1\}^2 \\
&= 2(2b^2-1)^2(16b^4-16b^2+1)^2
\end{aligned}$$

$$\begin{aligned}
]12[&= \{《12》-1\}\{《12》+1\} \\
&= 2(b-1)(b+1)(2b)^2(2b+1)^2(2b-1)^2(4b^2-3)^2 \\
&\quad \times 2(2b^2-1)^2(16b^4-16b^2+1)^2 \\
&= (b-1)(b+1)(2b)^2(2b+1)^2(2b-1)^2(4b^2-3)^2 \\
&\quad \times (4b^2-2)^2(16b^4-16b^2+1)^2
\end{aligned}$$

$]12[$ の因数分解はこれにて終了ですが、ここで $]12[$ から因数 $(b-1)(b+1)$ を除いた $p_{12}(b)$ を見てみましょう。

5章 ◆ 2-1 マルコフ解と「不思議な多項式」

$$p_{12}(b) = (4b^2 - 2)^2 (16b^4 - 16b^2 + 1)^2 p_6(b)$$
$$p_{12}(b) = (4b^2 - 3)^2 (16b^4 - 16b^2 + 1)^2 p_3(b) p_4(b)$$

ここで $p_{12}(b) = (\quad) p_2(b) p_6(b)$ （$12 = 2 \times 6$）とはなっていませんね。$n \leq 10$ では以下の通りです。(p217、218 参照)

$$p_4(b) = (4b^2 - 2)^2 p_2(b)$$
$$p_6(b) = (4b^2 - 3)^2 p_2(b) p_3(b)$$
$$p_8(b) = (16b^4 - 16b^2 + 2)^2 p_4(b)$$
$$p_9(b) = (8b^3 - 6b + 1)^2 (8b^3 - 6b - 1)^2 p_3(b)$$
$$p_{10}(b) = (16b^4 - 20b^2 + 5)^2 p_2(b) p_5(b)$$

◆ $p_n(b) = (\ ?\ )^2$

問題は $(b-1)(b+1)$ を除いた $p_n(b)$ が、$p_n(b) = (\quad)^2$ かどうかでしたね。じつは下記が示されるのです。

$$p_{2m+1}(b) = \{2《2m》 + 2《2m-2》 + \cdots\cdots + 2《2》 + 1\}^2$$
$$p_{2m}(b) = \{2《2m-1》 + 2《2m-3》 + \cdots\cdots + 2《1》\}^2$$

次の **88** では、この両辺に $(b-1)(b+1) = (《1》-1)(《1》+1)$ をかけた形で示します。ちなみに $《1》 = b$ です。

---

88 $m \geq 1$ のとき、次を示せ。

(1) $\bigl[(b-1)(b+1) p_{2m+1}(b) = \bigr] (《2m+1》 - 1)(《2m+1》 + 1)$
$= (《1》 - 1)(《1》 + 1)\{2《2m》 + 2《2m-2》 + \cdots + 2《2》 + 1\}^2$

(2) $\bigl[(b-1)(b+1) p_{2m}(b) = \bigr] (《2m》 - 1)(《2m》 + 1)$
$= (《1》 - 1)(《1》 + 1)\{2《2m-1》 + 2《2m-3》 + \cdots + 2《1》\}^2$

$p_2(b)$、$p_3(b)$ では、以下の通り成り立っていますね。ちなみに $p_1(b) = 1$ です。(p211、p217 参照)

$$p_2(b) = 2 \cdot 2b^2 = (2b)^2 = \{2《1》\}^2 \quad (《1》 = b)$$

$$p_3(b) = (2b+1)^2 \cdot (2b-1)^2 = \{4b^2 - 1\}^2 = \{2(2b^2 - 1) + 1\}^2$$
$$= \{2《2》 + 1\}^2 \quad\quad\quad (《2》 = 2b^2 - 1)$$

(1)の証明ですが、$m=1$ の $p_3(b)$ は確認したので、$2m-1$ のときは成り立っているとして、$2m+1$ のときの右辺(下)を展開すると左辺(上)になることを示します。以下では「(　　) = 2《2m-2》 + …… + 2《2》 + 1」とします。また途中で何回も p223 86 を用います。「$2《1》^2 = 《2》 + 1$」「$《4m-2》 = 2《2m-1》^2 - 1$」等です。

$$(《1》^2 - 1)\{2《2m》 + (\quad)\}^2$$
$$= (《1》^2 - 1)\{4《2m》^2 + 4《2m》(\quad) + (\quad)^2\}$$
$$= (4《1》^2 - 4)\{《2m》^2 + 《2m》(\quad)\} + 《2m-1》^2 - 1$$
$$= (2《2》 - 2)\{《2m》^2 + 《2m》(\quad)\} + 《2m-1》^2 - 1 \quad \cdots (A)$$

ここで、《2m》(　) の部分を計算します。

$$2《2m》《2m-2》 = 《4m-2》 + 《2》$$
$$2《2m》《2m-4》 = 《4m-4》 + 《4》$$
$$2《2m》《2m-6》 = 《4m-6》 + 《6》$$
$$\cdots\cdots\cdots\cdots\cdots\cdots\cdots\cdots\cdots\cdots\cdots\cdots$$
$$2《2m》《4》 \;\;= 《2m+4》 + 《2m-4》$$
$$2《2m》《2》 \;\;= 《2m+2》 + 《2m-2》$$
$$《2m》 \times 1 \;\;= 《2m》$$

5章 ◆ 2-1 マルコフ解と「不思議な多項式」

(A) の続きは、次のようになります。

$$(2\langle 2\rangle - 2)\{\langle 2m\rangle^2 + (\langle\!\langle 4m-2\rangle\!\rangle + \langle\!\langle 4m-4\rangle\!\rangle + \cdots\cdots + \langle\!\langle 2\rangle\!\rangle)\}$$
$$+ \langle\!\langle 2m-1\rangle\!\rangle^2 - 1$$
$$= \boxed{\begin{aligned}&(2\langle 2\rangle - 2)\langle 2m\rangle^2 + \langle\!\langle 2m-1\rangle\!\rangle^2 - 1\\ &+ (2\langle 2\rangle - 2)(\langle\!\langle 4m-2\rangle\!\rangle + \langle\!\langle 4m-4\rangle\!\rangle + \cdots + \langle\!\langle 2\rangle\!\rangle)\end{aligned}} \quad \cdots (B)$$

ここで、(B) の下の部分を見ていくことにします。

$$(2\langle 2\rangle - 2)(\langle\!\langle 4m-2\rangle\!\rangle + \langle\!\langle 4m-4\rangle\!\rangle + \cdots + \langle\!\langle 2\rangle\!\rangle)$$
$$= 2\langle 2\rangle(\langle\!\langle 4m-2\rangle\!\rangle + \langle\!\langle 4m-4\rangle\!\rangle + \cdots + \langle\!\langle 2\rangle\!\rangle)$$
$$- 2(\langle\!\langle 4m-2\rangle\!\rangle + \langle\!\langle 4m-4\rangle\!\rangle + \cdots + \langle\!\langle 2\rangle\!\rangle)$$

この上の方の $2\langle 2\rangle(\langle\!\langle 4m-2\rangle\!\rangle + \langle\!\langle 4m-4\rangle\!\rangle + \cdots + \langle\!\langle 2\rangle\!\rangle)$ の部分は次の通りです。

$$2\langle 2\rangle\langle\!\langle 4m-2\rangle\!\rangle = \langle\!\langle 4m\rangle\!\rangle + \langle\!\langle 4m-4\rangle\!\rangle$$
$$2\langle 2\rangle\langle\!\langle 4m-4\rangle\!\rangle = \langle\!\langle 4m-2\rangle\!\rangle + \langle\!\langle 4m-6\rangle\!\rangle$$
$$2\langle 2\rangle\langle\!\langle 4m-6\rangle\!\rangle = \langle\!\langle 4m-4\rangle\!\rangle + \langle\!\langle 4m-8\rangle\!\rangle$$
$$\cdots\cdots\cdots\cdots\cdots\cdots\cdots\cdots\cdots\cdots\cdots$$
$$2\langle 2\rangle\langle\!\langle 6\rangle\!\rangle = \langle\!\langle 8\rangle\!\rangle + \langle\!\langle 4\rangle\!\rangle$$
$$2\langle 2\rangle\langle\!\langle 4\rangle\!\rangle = \langle\!\langle 6\rangle\!\rangle + \langle\!\langle 2\rangle\!\rangle$$
$$2\langle 2\rangle\langle\!\langle 2\rangle\!\rangle = \langle\!\langle 4\rangle\!\rangle + 1$$

これから下の方の $2(\langle\!\langle 4m-2\rangle\!\rangle + \langle\!\langle 4m-4\rangle\!\rangle + \cdots + \langle\!\langle 2\rangle\!\rangle)$ を引くと、囲んだ部分 $\boxed{}$ が問題となってきます。$\langle\!\langle 4m\rangle\!\rangle$ と 1 はそのまま残りますが、$\langle\!\langle 4m-2\rangle\!\rangle$ と $\langle\!\langle 2\rangle\!\rangle$ は 2 倍を引くため、$-\langle\!\langle 4m-2\rangle\!\rangle$ と $-\langle\!\langle 2\rangle\!\rangle$ となり、(B) の続きは次のようになります。

$$(2《2》-2)《2m》^2+《2m-1》^2-1$$
$$+《4m》-《4m-2》-《2》+1$$
$$=(《2》-1)2《2m》^2+《2m-1》^2$$
$$+《4m》-(2《2m-1》^2-1)-《2》$$
$$=(《2》-1)(《4m》+1)-《2m-1》^2+《4m》+1-《2》$$
$$=《2》《4m》-《2m-1》^2$$
$$=\frac{1}{2}(《4m+2》+《4m-2》)-《2m-1》^2$$
$$=\frac{1}{2}(2《2m+1》^2-1+2《2m-1》^2-1)-《2m-1》^2$$
$$=《2m+1》^2+《2m-1》^2-1-《2m-1》^2$$
$$=《2m+1》^2-1$$
$$=(《2m+1》-1)(《2m+1》+1)$$

これで(1)が示されました。(2)もほとんど同様なので省略します。

◆多項式 P_n

こうなると興味の対象は、$p_n(b) = ($　　$)^2$ の2乗の中身ですね。これから、その中身の**多項式 P_n** を見ていきましょう。

$$P_{2m+1} = 2《2m》+2《2m-2》+\cdots+2《2》+1$$
$$P_{2m} = 2《2m-1》+2《2m-3》+\cdots+2《1》$$

ここで P_n の**次数**に注意しておきます。P_{2m+1} の次数は《2m》と同じ $2m$、P_{2m} の次数は《2m-1》と同じ $2m-1$ です。つまり P_n の次数は「$n-1$」です。(「n」は P_n の「(次数)+1」です。)

不思議なのは、**多項式 P_n** の「因数」が「n」と関わってくることです。ちなみに因数分解に出てくる「因数」は、その多項式を「割り切る式」です。その「割り算」$P_a \div P_b (a > b)$ で用いるのが、次の等式です。（証明は後述）

$$P_a = (P_{a-b+1} - P_{a-b-1})P_b + P_{a-2b}$$

〔ただし $P_0 = 0$、$P_{a-2b} = -P_{2b-a}$ $(b < a < 2b)$ とする〕

たとえば $P_{35} \div P_7$ は、以下のように求めていきます。

$P_{35} = (P_{29} - P_{27})P_7 + P_{21}$
 　　$(29 = 35 - 7 + 1、27 = 35 - 7 - 1、21 = 35 - 7 \times 2)$

P_7（6次式）で割った余りを P_{21}（20次式）として終わるはずはなく、さらに $P_{21} \div P_7$ を見ていきます。

$P_{21} = (P_{15} - P_{13})P_7 + P_7$
 　　$(15 = 21 - 7 + 1、13 = 21 - 7 - 1、7 = 21 - 7 \times 2)$

さらに $P_7 \div P_7$ を見るまでもなく、$P_7 \div P_7 = 1$ です。
以上から（$35 = 5 \times 7$ と同様に）、次のようになります。

$P_{35} = (P_{29} - P_{27})P_7 + (P_{15} - P_{13})P_7 + P_7$
 　　$= \{(P_{29} - P_{27}) + (P_{15} - P_{13}) + P_1\}P_7$ 　$(P_1 = 1)$

つまり（$35 \div 7 = 5$ と同様に）、$P_{35} \div P_7$ は割り切れるのです。

$P_{35} \div P_7 = (P_{29} - P_{27}) + (P_{15} - P_{13}) + P_1$

89

$P_{40} \div P_7$ の商と余りを求めよ。

$$P_{40} = (P_{34} - P_{32})P_7 + P_{26}$$
$$= (P_{34} - P_{32})P_7 + (P_{20} - P_{18})P_7 + P_{12}$$
$$= (P_{34} - P_{32})P_7 + (P_{20} - P_{18})P_7 + (P_6 - P_4)P_7 + P_{-2}$$
$$= \{(P_{34} - P_{32}) + (P_{20} - P_{18}) + (P_6 - P_4)\}P_7 - P_2$$

ここで「$-P_2$」は、れっきとした1次式です。つまり、$P_{40} \div P_7$ は（$40 \div 7$ と同様に）割り切れません。$P_{40} \div P_7$（39次式÷6次式）の商は「$(P_{34} - P_{32}) + (P_{20} - P_{18}) + (P_6 - P_4)$」（33次式）で、余りは「$-P_2$」（1次式）です。

何だか面白くなってきましたね。それでは $P_a \div P_b\,(a > b)$ に用いる等式を、「$a \geq 2b$」と「$b < a < 2b$」に分けて見ていきましょう。

90

$a \geq 2b$ のとき、次を示せ。ただし $P_0 = 0$ とする。
$$P_a = (P_{a-b+1} - P_{a-b-1})P_b + P_{a-2b}$$

b が偶数か奇数かで、場合を分けて見ていきます。いずれの場合も、右辺を展開すると左辺になることを示します。

ここで注意することは、$a \geq 2b$ より $a - b > b - 1$ となっていて、$a - b$ と $b - 1$ の差の絶対値は $(a - b) - (b - 1)$ で求まることです。たとえば、次のようになります。

$$(2《a-b》)(2《b-1》) = 2《a-1》 + 2《a-2b+1》$$

[b が偶数のとき]

右辺を展開しますが、$+P_{a-2b}$ は後で加えることにします。

$$(P_{a-b+1} - P_{a-b-1})P_b \qquad \text{(p228 参照)}$$
$$= (2《a-b》)(2《b-1》+2《b-3》+ \cdots\cdots +2《1》)$$

$$=\begin{array}{ll} 2《a-1》 & + \ 2《a-2b+1》 \\ +2《a-3》 & + \ 2《a-2b+3》 \\ \cdots\cdots\cdots\cdots\cdots\cdots\cdots\cdots \\ +2《a-(b-1)》 & + \ 2《a-(b+1)》 \end{array}$$

この $2《a-2b+1》$ の後ろに $P_{a-2b} = 2《a-2b-1》 + 2《a-2b-3》$ $+\cdots\cdots$ を加えると、ちょうど $P_a = 2《a-1》 + 2《a-3》 + \cdots\cdots$ となります。この最後が「$+2《1》$」か「$+2《2》+1$」かは、a が偶数か奇数かによります。ちなみに、後で加えるとした「P_{a-2b}」の $a-2b$ は、a と偶奇が一致しています。

[b が奇数のとき]

同じく右辺を展開しますが、ここでも $+P_{a-2b}$ は後で加えます。

$$(P_{a-b+1} - P_{a-b-1})P_b \qquad \text{(p228 参照)}$$
$$= (2《a-b》)(2《b-1》+2《b-3》+ \cdots\cdots +2《2》+1)$$

$$=\begin{array}{ll} 2《a-1》 & + \ 2《a-2b+1》 \\ +2《a-3》 & + \ 2《a-2b+3》 \\ \cdots\cdots\cdots\cdots\cdots\cdots\cdots\cdots \\ +2《a-(b-2)》 & + \ 2《a-(b+2)》 \\ +2《a-b》 & \end{array}$$

$2《a-b》$と1をかけた$2《a-b》$が出てくることで、今回も切れ目なくつながります。また、これに「P_{a-2b}」を加えると、ちょうどP_aとなります。

> **91** $b<a<2b$ のとき、次を示せ。
> ただし、$P_{a-2b} = -P_{2b-a}(b<a<2b)$とする。
> $P_a = (P_{a-b+1} - P_{a-b-1})P_b + P_{a-2b}$

今度はaとbが偶数か奇数かで、4通りに分けて見ていくことになります。でもbが偶数か奇数かは、じつは 90 と同じくUターン箇所の状況に関わるだけで、どちらも切れ目なくつながります。そこで、aだけを偶数か奇数かに分けて見ていくことにしましょう。ちなみに「$+P_{a-2b} = -P_{2b-a}$」の部分は、ここでは余分な部分を取り去ることになります。

注意すべきことは$a<2b$より$a-b \leq b-1$となっていて、$a-b$と$b-1$の差の絶対値は$(b-1)-(a-b)$で求まることです。たとえば、次のようになります。

$$(2《a-b》)(2《b-1》) = 2《a-1》 + 2《2b-a-1》$$

以下の計算では、途中で大小が入れかわることに注意しましょう。

[a が奇数のとき]

右辺を展開しますが、$-P_{2b-a}$は後で引くことにします。次ページの$(2《a-b》)(2《b-(2b-a)》)$は、次のようになります。

$$(2《a-b》)(2《b-(2b-a)》) = 2《2(a-b)》 + 2《0》$$

ここで$2《0》 = 2 \times 1 = 1 + 1$です。

$$(P_{a-b+1} - P_{a-b-1})P_b$$
$$= (2《a-b》)(2《b-1》+2《b-3》+ \cdots +2《b-(2b-a)》$$
$$+ \cdots\cdots)$$

$$= \begin{vmatrix} 2《a-1》 & + & 2《2b-a-1》 \\ +2《a-3》 & + & 2《2b-a-3》 \\ \cdots\cdots\cdots\cdots\cdots & & \\ +2《2(a-b)》 & + & 1+1 \\ +2《2(a-b)-2》 & + & 2《2》 \\ \cdots\cdots\cdots\cdots\cdots & & \end{vmatrix}$$

これから、$P_{2b-a} = 2《2b-a-1》+2《2b-a-3》+ \cdots +2《2》+1$ を引くと、ちょうど $P_a = 2《a-1》+2《a-3》+ \cdots +2《2》+1$ となります。ちなみに a が奇数のとき、$2b-a$ も奇数です。

[a が偶数のとき]

同じく右辺を展開しますが、ここでも $-P_{2b-a}$ は後で引きます。

さて、a が偶数だと $2b-a$ も偶数なので、P_b の中に $2《b-(2b-a)》$ は出てきません。

$$P_b = 2《b-1》+2《b-3》+ \cdots\cdots +2《b-(2b-a)+1》$$
$$+2《b-(2b-a)-1》+ \cdots\cdots$$

出てくるのは、$2《b-(2b-a)》$ の前後の $2《b-(2b-a)+1》$ や $2《b-(2b-a)-1》$ です。

$$(P_{a-b+1} - P_{a-b-1})P_b$$
$$= (2《a-b》)(2《b-1》+2《b-3》+ \cdots +2《b-(2b-a)+1》$$
$$+2《b-(2b-a)-1》+ \cdots \cdots)$$
$$= \begin{array}{ll} 2《a-1》 & + \quad 2《2b-a-1》 \\ +2《a-3》 & + \quad 2《2b-a-3》 \\ \cdots\cdots\cdots\cdots\cdots\cdots\cdots \\ +2《2(a-b)+1》 & + \quad 2《1》 \\ +2《2(a-b)-1》 & + \quad 2《1》 \\ \cdots\cdots\cdots\cdots\cdots\cdots\cdots \end{array}$$

これから $P_{2b-a} = 2《2b-a-1》+2《2b-a-3》+ \cdots +2《1》$ を引くと、$P_a = 2《a-1》+2《a-3》+ \cdots +2《1》$ となります。

90 91 から「$a \div b$ が割り切れるとき $P_a \div P_b$ も割り切れる」ことが、以下のように分かります。つまり「$a = (\quad)b$ のとき、$P_a = (\quad)P_b$」なのです。

まず、$a = bc$ とします。c が偶数なら、$2b$ を何回か引くことで商が求まって「余りは0」となります。c が奇数なら、$2b$ を何回か引くことで P_b が残り、$P_b \div P_b = 1$ から商は（　+1）となって「余りは0」となるのです。ちなみに $P_0 = 0$ です。

$$a = bc \text{ のとき、} P_a = (\quad)P_b, \; P_a = (\quad)P_c$$

次の **92** では、$P_{12}=(\quad)P_2P_6\,(12=2\times6)$、$P_{12}=(\quad)P_3P_4\,(12=3\times4)$ となるか否かを見てみます。（p225 の $p_{12}(b)$ 参照）

92 次の割り算の商と余りを求めよ。
(1) $(P_{12}\div P_6)\div P_2$　　　(2) $(P_{12}\div P_4)\div P_3$

p229 の等式を用いて割り算をしていきます。

(1) $P_{12}=(P_7-P_5)P_6+P_0\,(P_0=0)$ から $P_{12}\div P_6=(P_7-P_5)$ となり、$(P_{12}\div P_6)\div P_2=(P_7-P_5)\div P_2$ です。

さらに、$P_7=\{(P_6-P_4)+(P_2-P_0)\}P_2-P_1$ と $P_5=(P_4-P_2)P_2+P_1$ から $P_7-P_5=\{(P_6-P_4)-(P_4-P_2)+(P_2-P_0)\}P_2-2P_1$ となります。

商は $(P_6-P_4)-(P_4-P_2)+(P_2-P_0)$、余りは $-2P_1$ です。

(2) 同様にして $(P_{12}\div P_4)\div P_3=(P_9-P_7+1)\div P_3$ となり、さらに $P_9-P_7+1=\{(P_7-P_5)-(P_5-P_3)+1\}P_3$ となります。

商は $(P_7-P_5)-(P_5-P_3)+1$、余りは 0 です。

結局、$P_{12}\neq(\quad)P_2P_6\,(12=2\times6)$、$P_{12}=(\quad)P_3P_4\,(12=3\times4)$ です。ここで「2 と 6」は（最大公約数が 2 で）互いに素ではありません。「3 と 4」は（最大公約数が 1 で）**互いに素**です。

◆$a=bc$（b、c は互いに素）のときの P_a

b、c が **互いに素** のとき $P_a=(\quad)P_bP_c\,(a=bc)$ でしょうか。ここで、a、b、c は 1 より大きい正の整数とします。（$P_1=1$）

このとき b、c のどちらかは奇数なので、b を奇数とします。
問題は「$P_a = (\quad) P_c$ のとき、$(\quad)$ が P_b で割り切れるか否か」
です。

まずは $(\quad)$ の中に出てくる P_r の r を「$2b$ で割った余り」に
着目しましょう。

> **93**
> 「◯で囲んだ割り算」の余りを求めよ。$(P_{-n} = -P_n)$
> (1) $P_{15} = (P_{11} - P_9 + 1)P_5 \quad (15 = 3 \times 5)$
> $= (P_{11} + P_{-9} + P_1)P_5 \quad (3 \times 2 = 6)$
>   → $11 \div 6$、$(-9) \div 6$、$1 \div 6$
> (2) $P_{20} = (P_{17} - P_{15} + P_9 - P_7 + 1)P_4 \quad (20 = 5 \times 4)$
> $= (P_{17} + P_{-15} + P_9 + P_{-7} + P_1)P_4 \quad (5 \times 2 = 10)$
>   → $17 \div 10$、$(-15) \div 10$、$9 \div 10$、$(-7) \div 10$、$1 \div 10$
> (3) $P_{21} = (P_{19} - P_{17} + P_{13} - P_{11} + P_7 - P_5 + 1)P_3 \quad (21 = 7 \times 3)$
> $= (P_{19} + P_{-17} + P_{13} + P_{-11} + P_7 + P_{-5} + P_1)P_3 \quad (7 \times 2 = 14)$
>   → $19 \div 14$、$(-17) \div 14$、$13 \div 14$、$(-11) \div 14$
> $7 \div 14$、$(-5) \div 14$、$1 \div 14$

たとえば $(-9) \div 6$ の余りは「$-9 = (-2) \times 6 + 3$」から 3 です。

(1) $11 \div 6 = 1$ 余り 5、$(-9) \div 6 = (-2)$ 余り 3、$1 \div 6 = 0$ 余り 1
   $3 \times 2 = 6$ で割った余りは 1、3、5（順不同）
(2) $5 \times 2 = 10$ で割った余りは 1、3、5、7、9（順不同）
(3) $7 \times 2 = 14$ で割った余りは 1、3、5、7、9、11、13（順不同）

いずれも「割る数より小さな奇数」が 1 回ずつ出てきましたね。

5章 ◆ 2-1 マルコフ解と「不思議な多項式」

> **94** 「□で囲んだ割り算」の余りを求めよ。
> (1) $P_{15} = (P_{11} - P_9 + 1)P_5$ → $(P_{11} - P_9 + 1) \div P_3$
> (2) $P_{20} = (P_{17} - P_{15} + P_9 - P_7 + 1)P_4$
>   → $(P_{17} - P_{15} + P_9 - P_7 + 1) \div P_5$
> (3) $P_{21} = (P_{19} - P_{17} + P_{13} - P_{11} + P_7 - P_5 + 1)P_3$
>   → $(P_{19} - P_{17} + P_{13} - P_{11} + P_7 - P_5 + 1) \div P_7$

p229 の等式と **93**（と $P_1=1$）から、(1) は $(P_1+P_3+P_5) \div P_3$ の余り、(2) は $(P_1+P_3+P_5+P_7+P_9) \div P_5$ の余り、(3) は $(P_1+P_3+P_5+P_7+P_9+P_{11}+P_{13}) \div P_7$ の余りと同じです。

(1) $(P_1+P_3+P_5) \div P_3$ の余りは、$(P_3 \div P_3 = 1$ 余り $0)$

$P_1 + 0 + P_{-1} = P_1 + 0 - P_1 = 0$

(2) も同様に、次のように余りが求まります。

$P_1 + P_3 + 0 + P_{-3} + P_{-1} = P_1 + P_3 + 0 - P_3 - P_1 = 0$

(3) も同様に、余りは 0 です。

結論として、次のことが分かりました。

(1) $P_{15} = ($　$)P_3 P_5$　（3、5 は互いに素）
(2) $P_{20} = ($　$)P_5 P_4$　（5、4 は互いに素）
(3) $P_{21} = ($　$)P_7 P_3$　（7、3 は互いに素）

いよいよ一般の $a=bc$ の場合です。$P_a = ($　$)P_b P_c$（b、c は互いに素）かどうかです。a、b、c は 1 より大きな正の整数とします。

95

$a = bc$（b は奇数、b、c は互いに素）のとき、「□で囲んだ割り算」の余りを求めよ。

$$P_a = \{(P_{c(b-1)+1} - P_{c(b-1)-1}) + (P_{c(b-3)+1} - P_{c(b-3)-1}) + \cdots$$
$$\cdots + (P_{2c+1} - P_{2c-1}) + 1\}P_c$$
$$\to \{(P_{c(b-1)+1} - P_{c(b-1)-1}) + (P_{c(b-3)+1} - P_{c(b-3)-1}) + \cdots$$
$$\cdots + (P_{2c+1} - P_{2c-1}) + 1\} \div P_b$$

$P_{-n} = -P_n$ から、「□の割られる式」は次の (A) になります。

$$(P_{c(b-1)+1} + P_{-c(b-1)+1}) + (P_{c(b-3)+1} + P_{-c(b-3)+1}) + \cdots$$
$$\cdots + (P_{2c+1} + P_{-2c+1}) + P_1 \quad (P_1 = 1) \quad \leftarrow (A)$$

さて、たとえば「$(P_{2c+1} + P_{-2c+1}) + P_1$」を「$P$ が 3 個」と数えると、「上の式 (A)」は「P がいくつ」でしょうか。

$+P_1$ を除いて、右から $(P_{2c+1} + P_{-2c+1})$ で 2 個、$(P_{4c+1} + P_{-4c+1})$ で 4 個、……と $(2, 4, 6, 8, \ldots$ というように)数えていくと $(P_{c(b-1)+1} + P_{-c(b-1)+1})$ で $(b-1)$ 個となり、これに最初に除いた $+P_1$ の 1 個とで、合わせて $(b-1)+1 = b$ 個となります。

ここで P の下添えの数（次の□で囲んだ数）を $2b$ で割った余りに着目します。はたして全部異なっているのでしょうか。

$$c(b-1)+1,\ -c(b-1)+1,\ c(b-3)+1,\ -c(b-3)+1,$$
$$\ldots,\ 2c+1,\ -2c+1,\ 1$$

まず、「$c(b-m)+1$」と「$c(b-n)+1$」（m、n は奇数、$1 \leq m < n \leq b-2$）を $2b$ で割った余りが等しいことはあるのでしょうか。

もしそうなら $\{c(b-m)+1\} - \{c(b-n)+1\} = c(n-m)$ は、その同じ余りが消し合って $2b$（b は奇数）で割り切れることになります。すると b、c は互いに素なので、$(n-m)$ が b で割り切れる（b の倍数である）ことになります。ところが $0 < (n-m) \leq b-3$ なので、そのような b の倍数 $(n-m)$ は存在しません。

それなら、「$c(b-m)+1$」と「$-c(b-n)+1$」（m、n は奇数、$1 \leq m < n \leq b-2$）を $2b$ で割った余りが等しいことはあるのでしょうか。このときは $\{c(b-m)+1\} - \{-c(b-n)+1\} = c\{2b-(m+n)\}$ となり、$\{2b-(m+n)\}$ が b で割り切れる（b の倍数である）ことになります。ところが $4 \leq m+n \leq 2b-6$、つまり $6 \leq \{2b-(m+n)\} \leq 2b-4$ となり、$b (\geq 3)$ の倍数 $\{2b-(m+n)\}$ は b しかありえません。つまり $\{2b-(m+n)\} = b$ です。これより $m+n = b$ となりますが、m、n、b はいずれも奇数なので、これはありえません。

同じように、「$-c(b-m)+1$」と「$c(b-n)+1$」（m、n は奇数、$1 \leq m < n \leq b-2$）を $2b$ で割った余りが等しくなることもありえません。

以上で、P の下添えの数（☐で囲んだ数）を $2b$ で割った余りは、全部異なることが分かりました。b は奇数なので、これらは全部「（c の偶数倍）$+1$」の奇数です。

P は全部で b 個あり、その P の下添えの数を $2b$ で割った余りは全部奇数で異なっているのです。こうなると、それらの余りは 1、3、5、……、$2b-1$（順不同）です。

問題の「☐で囲んだ割り算」の余りは、$(P_1 + P_3 + P_5 + \cdots +$

$P_{b-2} + P_b + P_{b+2} + \cdots + P_{2b-1}) \div P_b$ の余りと同じで、以下の通り「余りは0」となります。つまりは割り切れるのです。

$$P_1 + P_3 + P_5 + \cdots + P_{b-2} + 0 + P_{-(b-2)} + \cdots + P_{-1}$$
$$= P_1 + P_3 + P_5 + \cdots + P_{b-2} + 0 - P_{b-2} - \cdots - P_1$$
$$= 0$$

$a = bc$ (b、c は互いに素) のとき、
$$P_a = (\quad) P_b P_c$$

$a = p_1^{n_1} p_2^{n_2} \cdots p_m^{n_m}$ のときは、次のようになります。
$$P_a = (\quad) P_{p_1^{n_1}} P_{p_2^{n_2}} \cdots P_{p_m^{n_m}}$$

◆ $a = p \times p^n$ (p は素数) のときの P_a

$P_{p^{n+1}} \neq (\quad) P_p P_{p^n}$ (p は素数) でしょうか。$a = p \times p^n$ ($b = p$、$c = p^n$) として、$P_a = (\quad) P_c$ の $(\quad)$ を P_b で割った余りを見てみましょう。

96 「☐で囲んだ割り算」の余りを求めよ。

(1) $P_4 = (P_3 - 1) P_2$ → $(P_3 - 1) \div P_2$

(2) $P_8 = (P_5 - P_3) P_4$ → $(P_5 - P_3) \div P_2$

(3) $P_{16} = (P_9 - P_7) P_8$ → $(P_9 - P_7) \div P_2$

(4) $P_9 = (P_7 - P_5 + 1) P_3$ → $(P_7 - P_5 + 1) \div P_3$

(5) $P_{27} = (P_{19} - P_{17} + 1) P_9$ → $(P_{19} - P_{17} + 1) \div P_3$

(6) $P_{25} = (P_{21} - P_{19} + P_{11} - P_9 + 1) P_5$

→ $(P_{21} - P_{19} + P_{11} - P_9 + 1) \div P_5$

(1)　$(P_3 - 1) \div P_2$ の余りは $(2 \times 2 = 4$ で割った余りから$)$

　　　$P_{-1} - 1 = -P_1 - 1 = -1 - 1 = -2$（0次式）

(2)(3)　$(P_5 - P_3) \div P_2$、$(P_9 - P_7) \div P_2$ の余りは、$(2 \times 2 = 4$ で割った余りから$)$ どちらも $P_1 - P_{-1} = 1 - (-1) = 2$（0次式）

(4)(5)　$(P_7 - P_5 + 1) \div P_3$、$(P_{19} - P_{17} + 1) \div P_3$ の余りは、$(3 \times 2 = 6$ で割った余りから$)$ どちらも $P_1 - P_{-1} + 1 = 1 - (-1) + 1 = 3$

(6)　$(P_{21} - P_{19} + P_{11} - P_9 + 1) \div P_5$ の余りは $(5 \times 2 = 10$ で割った余りから$)$ $P_1 - P_{-1} + P_1 - P_{-1} + 1 = 1 - (-1) + 1 - (-1) + 1 = 5$

96 を見た限りでは、(1) の余りが「-2」だけが例外で、他の場合の余りは「p」ですね。

次の 97 98 でこれを確認しましょう。

97　$a = 2^{n+1}$、$c = 2^n$ $(n \geq 2)$ のとき、「☐で囲んだ割り算」の余りを求めよ。

$$P_a = (P_{c+1} - P_{c-1})P_c \quad \rightarrow \quad \boxed{(P_{c+1} - P_{c-1}) \div P_2}$$

まずは、左式の $P_a = (P_{c+1} - P_{c-1})P_c$ を確認します。

$P_a = (P_{a-c+1} - P_{a-c-1})P_c + P_{a-2c}$ ですが、（p230 90 参照）

$a - c + 1 = 2 \cdot 2^n - 2^n + 1 = 2^n + 1 = c + 1$

$a - c - 1 = 2 \cdot 2^n - 2^n - 1 = 2^n - 1 = c - 1$

$a - 2c = 2^{n+1} - 2 \cdot 2^n = 2^{n+1} - 2^{n+1} = 0$

となり、確かに $P_a = (P_{c+1} - P_{c-1})P_c + P_0$ $(P_0 = 0)$ です。

それでは $(P_{c+1} - P_{c-1}) \div P_2$ を見ていきましょう。

まず、$c=2^n$ ($n≧2$) なので c は 4 の倍数です。このため「$c+1$」からどんどん $2×2=4$ を引いていくと最後は 1 となり、$P_{c+1}÷P_2$ の余りは $P_1=1$ です。

一方「$c-1$」からどんどん $2×2=4$ を引いていくと最後は -1 となり、$P_{c-1}÷P_2$ の余りは $P_{-1}=-P_1=-1$ です。

以上から $(P_{c+1}-P_{c-1})÷P_2$ の余りは $1-(-1)=2$ (0 次式) です。

> **98**
> $a=p^{n+1}$、$c=p^n$ ($n≧1$、p は奇素数) のとき、「 で囲んだ割り算」の余りを求めよ。
> $P_a=\{(P_{c(p-1)+1}-P_{c(p-1)-1})+(P_{c(p-3)+1}-P_{c(p-3)-1})+\cdots\cdots$
> $\cdots\cdots+(P_{2c+1}-P_{2c-1})+1\}P_c$
> → $\{(P_{c(p-1)+1}-P_{c(p-1)-1})+(P_{c(p-3)+1}-P_{c(p-3)-1})+\cdots\cdots$
> $\cdots\cdots+(P_{2c+1}-P_{2c-1})+1\}÷P_p$

ここで「→の上の式」は、p238 95 で $b=p$ としたものです。

さて、$(p-1)$、$(p-3)$、……は偶数なので、$c=p^n$ のとき、$(p-1)c$、$(p-3)c$、……は p の偶数倍です。

このため $c(p-1)+1$、$c(p-3)+1$、……から $2p$ を引いていくと 1 となり、「下添えの数がこれらの P」を P_p で割った余りは $P_1=1$ です。

また $c(p-1)-1$、$c(p-3)-1$、……から $2p$ を引いていくと -1 となり、「下添えの数がこれらの P」を P_p で割った余りは $P_{-1}=-1$ です。

以上から、余りは $\{1-(-1)+1-(-1)+\cdots\cdots+1-(-1)+1\}$ $=(p-1)+1=p$ となります。

$a = p^{n+1}$、$c = p^n$ ($n \geq 1$、p は素数) において

「$p = 2$ かつ $n = 1$」のとき

$(P_4 \div P_2) \div P_2$ の余りは -2（0次式）

「$p \neq 2$ または $n \neq 1$」のとき

$(P_a \div P_c) \div P_p$ の余りは p（0次式）

いずれの場合も割り切れず、$P_{p^{n+1}} \neq (\quad) P_p P_{p^n}$ です。

◆因数分解の公式（2）

最後に、a が奇数のときの多項式 P_a を見てみましょう。（p223 の下参照）じつは次のようになっています。

$$P_{2n+1} = (P_{n+1} + P_n)(P_{n+1} - P_n) \quad (n \geq 1)$$

99 上記を示せ。

$n = 1$ つまり $P_3 = (2b+1)(2b-1) = (P_2 + P_1)(P_2 - P_1)$ は成り立っているので、$n-1$ のときの $P_{2n-1} = (P_n + P_{n-1})(P_n - P_{n-1})$ が成り立つとして、n のときを示します。

ここでは n が偶数（$n-1$ は奇数）の場合を見ていきますが、n が奇数の場合も U ターン箇所の状況が少々異なるだけで、やはり切れ目なくつながってきます。

$(P_{n+1} + P_n)(P_{n+1} - P_n)$ （以下 p228 参照）
$= (2《n》 + 2《n-1》 + 2《n-2》 + \cdots + 2《1》 + 1)$
$\quad \times (2《n》 - 2《n-1》 + 2《n-2》 + \cdots - 2《1》 + 1)$

$$\begin{aligned}
&= \{2《n》+(P_n+P_{n-1})\}\{2《n》-(P_n-P_{n-1})\} \\
&= 4《n》^2+2《n》\times 2P_{n-1}-(P_n+P_{n-1})(P_n-P_{n-1}) \\
&= 2《2n》+2+4《n》\{2《n-2》+\cdots\cdots+2《2》+1\}-P_{2n-1}
\end{aligned}$$

ここで $《n》\{2《n-2》+\cdots\cdots+2《2》+1\}$ の 4 倍ではなく 2 倍を見ていくと、次のようになってきます。

$$\begin{aligned}
4《n》《n-2》 &= 2《2n-2》+2《2》 \\
4《n》《n-4》 &= 2《2n-4》+2《4》 \\
&\cdots\cdots \\
4《n》《2》 &= 2《n+2》+2《n-2》 \\
2《n》\times 1 &= 2《n》
\end{aligned}$$

この部分は P_{2n-1} の最後の 1 がない $(P_{2n-1}-1)$ で、先ほどの続きは（4 倍が 2 倍となり）、次のようになります。

$$\begin{aligned}
&2《2n》+2+2(P_{2n-1}-1)-P_{2n-1} \\
&= 2《2n》+P_{2n-1} \\
&= 2《2n》+2《2n-2》+\cdots\cdots+2《2》+1 \\
&= P_{2n+1}
\end{aligned}$$

次の式は、この $P_{2n+1}=(P_{n+1}+P_n)(P_{n+1}-P_n)$ を《 》を用いて表したものです。（p228 参照）

$$\begin{aligned}
P_{2n+1} = &\{2《n》+2《n-1》+\cdots+2《1》+1\} \\
&\times\{2《n》-2《n-1》+\cdots+(-1)^{n-1}2《1》+(-1)^n\}
\end{aligned}$$

じつは $P_{2n+1}=(P_{n+1}+P_n)(P_{n+1}-P_n)$ の $(P_{n+1}+P_n)=\{2《n》+2《n-1》+\cdots+2《1》+1\}$ の方は、次の通りです。

$$\begin{aligned}
P_{n+1}+P_n = & \, 2^n b^n + 2^{n-1} b^{n-1} - (n-1)2^{n-2}b^{n-2} - (n-2)2^{n-3}b^{n-3} \\
& + \frac{(n-2)(n-3)}{2 \cdot 1} 2^{n-4} b^{n-4} + \frac{(n-3)(n-4)}{2 \cdot 1} 2^{n-5} b^{n-5} \\
& - \frac{(n-3)(n-4)(n-5)}{3 \cdot 2 \cdot 1} 2^{n-6} b^{n-6} \\
& - \frac{(n-4)(n-5)(n-6)}{3 \cdot 2 \cdot 1} 2^{n-7} b^{n-7} \\
& + \frac{(n-4)(n-5)(n-6)(n-7)}{4 \cdot 3 \cdot 2 \cdot 1} 2^{n-8} b^{n-8} \\
& + \frac{(n-5)(n-6)(n-7)(n-8)}{4 \cdot 3 \cdot 2 \cdot 1} 2^{n-9} b^{n-9} \\
& - \frac{(n-5)(n-6)(n-7)(n-8)(n-9)}{5 \cdot 4 \cdot 3 \cdot 2 \cdot 1} 2^{n-10} b^{n-10} \\
& - \cdots\cdots
\end{aligned}$$

$(P_{n+1}-P_n)=\{2《n》-2《n-1》+\cdots+(-1)^{n-1}2《1》+(-1)^n\}$ の方は、上式と符号だけが異なってきます。$(P_{n+1}+P_n)$ が「+、+、-、-、+、+、-、-、……」であるのに対して、$(P_{n+1}-P_n)$ の方は、「+、-、-、+、+、-、-、+、+、……」となってくるのです。こちらは（証明も含めて）省略します。

次の式は、「たし算Σ」「かけ算Π」を用いて表したものです。ただし $n=2m$（偶数）のときは $k=\left[\dfrac{n}{2}\right]=m$ での下の項はないものとし、上の項で終了します。つまり下の $b^{n-1-2k}=b^{2m-1-2m}=b^{-1}$ の項はないとし、上の $b^{n-2k}=b^{2m-2m}=b^0(=1)$ の項までとするのです。

$$P_{n+1}+P_n = 2^n b^n + 2^{n-1}b^{n-1}$$
$$+\sum_{k=1}^{\left[\frac{n}{2}\right]}\frac{(-1)^k}{k!}\left[\left\{2^{n-2k}\prod_{i=0}^{k-1}(n-k-i)\right\}b^{n-2k}\right.$$
$$\left.+\left\{2^{n-1-2k}\prod_{i=0}^{k-1}(n-1-k-i)\right\}b^{n-1-2k}\right]$$

 100 上記を示せ。

数学的帰納法を用いて示します。$n=1$ つまり $P_2+P_1=2b+1$ は成り立っているので、$n-1$ のときは成り立っているとして、n のときも成り立つことを示すのです。

$$P_{n+1}+P_n = 2《n》+2《n-1》+\cdots+2《1》+1 \quad \text{(p228 参照)}$$
$$= 2《n》+P_n+P_{n-1} \quad \text{(《n》は p213 参照)}$$
$$= 2^n b^n - n2^{n-2}b^{n-2} + \sum_{k=2}^{\left[\frac{n}{2}\right]}\left\{\frac{(-1)^k 2^{n-2k}n}{k!}\prod_{i=1}^{k-1}(n-k-i)\right\}b^{n-2k}$$
$$+ 2^{n-1}b^{n-1} + 2^{n-2}b^{n-2}$$
$$+ \sum_{k=1}^{\left[\frac{n-1}{2}\right]}\frac{(-1)^k}{k!}\left[\left\{2^{n-1-2k}\prod_{i=0}^{k-1}(n-1-k-i)\right\}b^{n-1-2k}\right.$$
$$\left.+\left\{2^{n-2-2k}\prod_{i=0}^{k-1}(n-2-k-i)\right\}b^{n-2-2k}\right]$$

$$= 2^n b^n + 2^{n-1} b^{n-1} - (n-1) 2^{n-2} b^{n-2}$$

$$+ \sum_{k=2}^{\left[\frac{n}{2}\right]} \left\{ \frac{(-1)^k 2^{n-2k} n}{k!} \prod_{i=1}^{k-1} (n-k-i) \right\} b^{n-2k} \quad \cdots \text{(A)}$$

$$+ \sum_{k=1}^{\left[\frac{n-1}{2}\right]} \left\{ \frac{(-1)^k 2^{n-1-2k}}{k!} \prod_{i=0}^{k-1} (n-1-k-i) \right\} b^{n-1-2k} \quad \cdots \text{(B)}$$

$$+ \sum_{k=1}^{\left[\frac{n-1}{2}\right]} \left\{ \frac{(-1)^k 2^{n-2-2k}}{k!} \prod_{i=0}^{k-1} (n-2-k-i) \right\} b^{n-2-2k} \quad \cdots \text{(C)}$$

まず (A) で $h = k-1$ ($k = h+1$) と置くと

$$\text{(A)} = \sum_{h=1}^{\left[\frac{n}{2}\right]-1} \left\{ \frac{(-1)^{h+1} 2^{n-2-2h}}{(h+1)!} \cdot n \prod_{i=1}^{h} (n-1-h-i) \right\} b^{n-2-2h}$$

次に (C) で $j = i+1$ ($i = j-1$) と置くと

$$\text{(C)} = \sum_{k=1}^{\left[\frac{n-1}{2}\right]} \left\{ \frac{(-1)^k 2^{n-2-2k}}{k!} \prod_{j=1}^{k} (n-1-k-j) \right\} b^{n-2-2k}$$

それでは (A)(C) の b^{n-2-2k} の係数の和を求めます。ここで k は 1 から $\left[\frac{n}{2}\right]-1$ までとします。(A)(C) の Σ で $\left[\frac{n}{2}\right]-1 \neq \left[\frac{n-1}{2}\right]$ となるのは $n = 2m+1$ (奇数) のときですが、このとき $k = \left[\frac{n-1}{2}\right] = m$ の項は $b^{n-2-2k} = b^{2m+1-2-2m} = b^{-1}$ となるからです。

(A) の h は k に、(C) の j は i に書きかえます。

$$\frac{(-1)^{k+1}2^{n-2-2k}}{(k+1)!} \cdot n\prod_{i=1}^{k}(n-1-k-i)$$

$$+\frac{(-1)^{k}2^{n-2-2k}}{k!} \cdot \prod_{i=1}^{k}(n-1-k-i)$$

$$=\frac{(-1)^{k+1}2^{n-2-2k}}{(k+1)!} \cdot \prod_{i=1}^{k}(n-1-k-i)\{n-(k+1)\}$$

$$=\boxed{\frac{(-1)^{k+1}2^{n-2-2k}}{(k+1)!} \cdot \prod_{i=0}^{k}(n-1-k-i)}$$

これで係数の和が求まり、$\underline{-(n-1)2^{n-2}b^{n-2}}$ + (A) + (C) の部分は、次のようになります。

$$\underline{-(n-1)2^{n-2}b^{n-2}}$$

$$+\sum_{k=1}^{\left[\frac{n}{2}\right]-1}\left\{\boxed{\frac{(-1)^{k+1}2^{n-2(1+k)}}{(k+1)!} \cdot \prod_{i=0}^{k}(n-1-k-i)}\right\}b^{n-2(1+k)}$$

$$=\sum_{k=0}^{\left[\frac{n}{2}\right]-1}\left\{\frac{(-1)^{k+1}2^{n-2(1+k)}}{(k+1)!} \cdot \prod_{i=0}^{k}(n-1-k-i)\right\}b^{n-2(1+k)}$$

$$=\sum_{k=1}^{\left[\frac{n}{2}\right]}\left\{\frac{(-1)^{k}2^{n-2k}}{k!} \cdot \prod_{i=0}^{k-1}(n-k-i)\right\}b^{n-2k} \quad \cdots \text{(D)}$$

以上で、$P_{n+1}+P_n = 2^n b^n + 2^{n-1}b^{n-1}$ + (D) + (B) となりました。

目標とする n のときの式との違いは、(B) の Σ が $k = \left[\dfrac{n-1}{2}\right]$ までとなっていることです。でも、これを $\left[\dfrac{n}{2}\right]$ としてもさしつかえありません。$\left[\dfrac{n-1}{2}\right] \neq \left[\dfrac{n}{2}\right]$ となるのは $n = 2m$（偶数）のときですが、このとき $k = \left[\dfrac{n}{2}\right] = m$ の項は $b^{n-1-2k} = b^{2m-1-2m} = b^{-1}$ となるからです。

◆おわりに

マルコフ方程式の話はいかがでしたか。途中で様々な問題が出てきましたね。マルコフ方程式の有名な「未解決問題」、その「未解決問題」に相当する問題が解決する「k マルコフ方程式」、$k<0$ のときの「解が存在しない k マルコフ方程式」、$k<0$ のときの「k マルコフ解の家系図」、$(x^2-1)(y^2-1) = (z^2-h^2)^2$ の「すべての整数解」、「不思議な多項式」の意義と応用、……。

それでは読者の皆様のご健闘をお祈りいたします。

コラム Ⅶ 因数分解

◆ 因数分解（1）

まずは、次の式を見てみましょう。

(1) $P_6 = (4b^2 - 3)P_2 P_3$ （$6 = 2 \times 3$）

(2) $P_{10} = (16b^4 - 20b^2 + 5)P_2 P_5$ （$10 = 2 \times 5$）

(3) $P_{14} = (64b^6 - 112b^4 + 56b^2 - 7)P_2 P_7$ （$14 = 2 \times 7$）

いずれも P_{2a}（a は奇数）の場合で、「2 と a」が互いに素であることから $P_{2a} = ($　　$)P_2 P_a$ と表されます。問題は（　　）の中の式です。さて、次の□に当てはまる式は何でしょうか。

$P_{18} = ($ ＿＿＿＿＿＿＿＿＿＿＿＿＿＿＿ $)P_2 P_9$

(1)(2)(3) を見ると、何だか見覚えのある式が並んでいますね。

（p211、p212 参照）

(1) $4b^2 - 3$ ← 《3》$= 4b^3 - 3b$

(2) $16b^4 - 20b^2 + 5$ ← 《5》$= 16b^5 - 20b^3 + 5b$

(3) $64b^6 - 112b^4 + 56b^2 - 7$

← 《7》$= 64b^7 - 112b^5 + 56b^3 - 7b$

もう見当がつきましたね。（　　）の中の式は、順に《3》、《5》、《7》を b で割った（b^{-1}《3》）、（b^{-1}《5》）、（b^{-1}《7》）です。問題の□に当てはまる式は（b^{-1}《9》）で、次のようになります。

$256b^8 - 576b^6 + 432b^4 - 120b^2 + 9$

← 《9》$= 256b^9 - 576b^7 + 432b^5 - 120b^3 + 9b$

> **問**
> $m \geq 1$ のとき、次を示せ。
>
> $$P_{2(2m+1)} = (b^{-1}《2m+1》)P_2 P_{2m+1}$$

$P_{2(2m+1)} = (P_{2m+2} - P_{2m})P_{2m+1} + P_0$ （$P_0 = 0$） （p229 参照）

$= (2《2m+1》)P_{2m+1}$ （p228 参照）

$= (b^{-1}《2m+1》)P_2 P_{2m+1}$ （$P_2 = 2b$）

◆ 因数分解（2）

今度は、次の式を見てみましょう。

> (1) $P_4 = (4b^2 - 2)P_2$ （$4 = 2 \times 2$）
>
> (2) $P_8 = (16b^4 - 16b^2 + 2)P_4$ （$8 = 2 \times 4$）

さて、次の□に当てはまる式は何でしょうか。

> $P_{16} = ($ □ $)P_8$ （$16 = 2 \times 8$）

$P_{2^{n+1}} = ($ ）P_{2^n} の（ ）は、じつは p241 **97** で確認済みです。

$P_a = (P_{c+1} - P_{c-1})P_c$ つまり $P_{2^{n+1}} = (P_{2^n+1} - P_{2^n-1})P_{2^n}$ となっていて、《 》を用いて表すと次の通りです。（p228 参照）

$$P_{2^{n+1}} = (2《2^n》)P_{2^n}$$

$P_{16} = (P_9 - P_7)P_8 = (2《8》)P_8$ から、（ ）は $2《8》 = \boxed{256b^8 - 512b^6 + 320b^4 - 64b^2 + 2}$ です。（p212 参照）

さて、これらを順に代入していくと、$P_{16}=(2《8》)(2《4》)(2《2》)(2《1》)$ となります。同様にして、$P_{2^{n+1}}$ は次の通りです。

$$P_{2^{n+1}}=(2《2^n》)(2《2^{n-1}》)\cdots(2《2》)(2《1》)$$

◆ **因数分解（3）**

$P_{p^{n+1}}=(\quad)P_{p^n}$（$p$ は奇素数）の（　）についても、p242 98 で確認済みです。《　》を用いて表すと、次の通りです。

$$P_{p^{n+1}}=(2《(p-1)p^n》+2《(p-3)p^n》+\cdots+2《2p^n》+1)P_{p^n}$$

じつは、さらに次が成り立ちます。（p は奇素数）

$$P_{p^{n+1}}=\left(2《\frac{p-1}{2}p^n》+2《\frac{p-3}{2}p^n》+\cdots+2《p^n》+1\right)$$
$$\times\left(2《\frac{p-1}{2}p^n》-2《\frac{p-3}{2}p^n》+\cdots+(-1)^{\frac{p-3}{2}}2《p^n》\right.$$
$$\left.+(-1)^{\frac{p-1}{2}}\right)P_{p^n}$$

これを順に用いると、$p=3$ では $P_{3^{n+1}}=(2《3^n》+1)(2《3^n》-1)P_{3^n}$ から次のようになってきます。

$$P_{3^{n+1}}=(2《3^n》+1)(2《3^{n-1}》+1)\cdots(2《3》+1)(2《1》+1)$$
$$\times(2《3^n》-1)(2《3^{n-1}》-1)\cdots(2《3》-1)(2《1》-1)$$

索　引

■英字・数字・記号

[ ]（ガウス記号） ……………… 100

Σ（シグマ） …………………… 100

Π（パイ） ……………………… 100

$\|n\|$ ………………………… 89, 100

《n》 ……………………… 211, 212

]n[……………………………… 214

P_n ……………………… 228, 243, 245

$p_n(b)$ …………………… 217, 225

$q_n(b)$ …………………… 216, 217

$r_n(b)$ …………………… 216, 217

■あ行

兄（子の兄の方） …………… 14, 121

余りのある割り算 ……………… 61

網（その1）（その2） ……… 137, 139

因数 …………………………… 229

n次式 …………………………… 93

黄金数（＿の2乗） …… 28, 30, 80

弟（子の弟の方） …………… 14, 121

同じ系列の創始者 ……………… 53

親（＿の候補） ……………… 14, 121

■か行

解と係数の関係 ………………… 15

ガウスの整数環 ………………… 41

可逆 …………………………… 16

家系図 ……………… 25, 79, 108, 117

既約ピタゴラス数 ……………… 11

極限値 ………………………… 29

kの系列の創始者（5の＿） …… 53

kマルコフ方程式（＿解、＿数）
　　　　　　　　　　　 121, 144

原始ピタゴラス数 ……………… 11

子（の兄弟） ………………… 14, 121

5マルコフ方程式（＿解、＿数）
　　　　　　　　　　　 106, 110

孤立解 ………………… 68, 123, 124

コンビを組んだスタート解 …… 127

■さ行

最大公約数 …………………… 91

ザギエ（Don B. Zagier） …… 64, 119

シェルピンスキー（W. Sierpiński）
　　　　　　　　　　　　　 202

シュミーチェク（K. Szymiczek）
………………………………… 210

新スタート解（＿孤立解）
………………………………… 148, 168

新家系図 ………………………… 147

数列 (1-1)（＿と弟）……… 26, 38

数列 (1-2)（＿と弟）……… 32, 41

数列 (1-3)（＿と弟）……… 32, 43

数列 (1-4) と弟 ………………… 39

数列 (2-3) ………………… 80, 87

数列 (2-4) ……………………… 82

数列 ($2\text{-}a$) …………………… 82, 90

スタート解 ……………… 68, 123, 124

双曲線関数（＿の逆関数）… 65, 119

■た行

互いに素 …………………… 91, 235

多項式 ………… 89, 211, 214, 217, 228

単調増加 ………………………… 35

単独スタート解 …………… 128, 177

■な行

2-1 マルコフ方程式（＿解、＿数）
………………………………… 114, 190

2-($n+1$) マルコフ方程式 ……… 191

2 乗の和 ………………… 44, 146

■は行

判別式 …………………………… 20

ピタゴラス数 …………………… 11

フィボナッチ数列 ……………… 26

フェルマーの最終定理 ………… 10

フェルマーの無限降下法 ……… 25

不足のある割り算 ……………… 61

不定方程式 ……………………… 10

フルウィッツ方程式 …………… 64

本来のマルコフ方程式（＿解、＿数）
………………………………… 117, 121

■ま行

マルコフ解の家系図 ………… 17, 25

マルコフ方程式（＿解、＿数）
………………………………… 12, 17

未解決問題 ……………… 57, 202

■や行

有界 ……………………………… 35

ユークリッドの互除法 ………… 91

4 マルコフ方程式（＿解、＿数）
………………………………… 65, 67

■ 参考文献

◇ 書籍

[1] 『数論〈未解決問題〉の事典』(朝倉書店)
    リチャード・K・ガイ (著) 金光 滋 (訳)
    p253 下 〜 p254 (D12 マルコフ数)
    p285   〜 p286 (D23 いくつかの 4 次方程式)
[2] 『数の本』(丸善出版)
    J. H. コンウェイ (著) R. K. ガイ (著) 根上生也 (訳)
    p205 〜 p207 上 (ラグランジュ数、マルコフ数、フレイマン数)

◇ Web サイト

[3] フリー百科事典『ウィキペディア (Wikipedia)』
    「マルコフ数」の項目

■ 著者プロフィール

小林 吹代 (こばやし・ふきよ)
1954 年、福井県生まれ。
1979 年、名古屋大学大学院理学研究科博士課程 (前期課程) 修了。
2014 年、介護のため教職を 1 年早く退職し、現在に至る。
著書に、『大人の算数子どもの数学』『見えてくる数学』(すばる舎)『これ以上やさしく書けない微分・積分』(PHP 研究所)『学校では教えない数学のツボ』(大和書房)『1 週間でツボがわかる!大人の「高校数学」』『仕事で差がつく図形思考』(青春出版社)『ピタゴラス数を生み出す行列のはなし』(ベレ出版)『ガロア理論「超」入門』(技術評論社) がある。
【URL】http://www.geocities.jp/math12345go「12 さんすう 34 数学 5Go!」

数学への招待シリーズ
マルコフ方程式
～方程式から読み解く美しい数学～

2017年8月2日　初版　第1刷発行

著　者　小林 吹代
発行者　片岡 巌
発行所　株式会社技術評論社
　　　　東京都新宿区市谷左内町21-13
　　　　電話　03-3513-6150　販売促進部
　　　　　　　03-3267-2270　書籍編集部
印刷・製本　昭和情報プロセス株式会社

定価はカバーに表示してあります。

本書の一部、または全部を著作権法の定める範囲を超え、無断で複写、複製、転載、テープ化、ファイルに落とすことを禁じます。

©2017 小林 吹代

造本には細心の注意を払っておりますが、万が一、乱丁（ページの乱れ）や落丁（ページの抜け）がございましたら、小社販売促進部までお送りください。送料小社負担にてお取り替えいたします。

ISBN978-4-7741-9104-1　C3041
Printed in Japan

●装丁
中村友和（ROVARIS）

●本文デザイン・DTP
株式会社　森の印刷屋

●イラスト
岩井千鶴子